Hair Art

NEW

헤어아트

박은준、김동분、김슬기、김진숙、김혜정、박재홍、서예지
왕혜자、임지현、이원경、이현진、장미여、최연희、홍도화

메디시인

머리말

최근 들어 미용분야에는 수많은 기초이론관련 책뿐만 아니라 실기편, 응용편, 창작관련 책들이 많이 나와 있어서 학생들의 수업뿐 아니라 전문가들이 연구하는 데에도 많은 도움을 주고 있습니다.

미용에 대한 열정만으로 오랫동안 현장에서 놓았던 펜을 다시 부여잡고 학교로 달려와 학구열을 불태우면서 학생들에게 실제로 도움이 되는 책을 만들어야 겠다는 생각으로 〈헤어아트〉 집필을 시작했지만 기대감과 두려움, 그리고 순간순간 고정관념을 버리기가 쉽지 않았습니다. 그때마다 미래지향적인 '헤어아트' 의 빛이 되는 내용을 담고 싶은 열망이 간절했습니다.

이 책은 현 시점에서 헤어아트 역할의 결과물로 작가들의 열정이 녹아 있는 작품집이기도 하며, 따라서 이 작업에 참여한 사람으로서 여전히 모자람을 느끼지만 나름대로의 큰 자부심을 느끼게도 합니다.

헤어아트는 과거와 오늘날 머리의 아름다움을 추구하고 방법론적 개념을 부여하여 씨줄과 날줄의 성긴 곳을 채워가는 미적 창조의 즐거움과 미지의 세계지도를 그려가는 재미가 있으며, 공백으로 남겨두어 생각을 하게 하는 여백의 여유로움도 있습니다.

헤어아트는 상상의 나래를 펴서 밑그림을 그리고 새로운 작품을 만들어 나가는 가능성을 여는데 흥미를 느끼게 하는 순수미, 조형미, 평편미, 포괄적인 미, 입체미 등 다양한 아름다움이 있다고 생각됩니다.

모쪼록 이 책이 헤어아트에 관심이 있는 분들에게 제공하는 기초적 정보가 되고, 정열의 지도가 되어 성김과 공백이 계속 메워지고 채워져 새로운 헤어아트가 탄생하는 데 초석이 되기를 간절히 바랍니다.

미흡하나마 완성되기까지 기꺼이 작품을 허락해주신 김진숙 명장님, 홍도화 박사님, 왕혜자 교수님, 서경대학교 총동문 여러분들 모두 고맙습니다.

이 책이 햇빛을 볼 수 있도록 애써주신 모든 분들께 저자를 대표하여 감사인사의 말씀을 드립니다.
감사합니다. 그리고 사랑합니다.

갑오년 새봄에

유담관 연구실에서 박 은 준

차례

Contents

Chapter 5 모발을 소재로 표현한 헤어아트 작품

Chapter 1 예술과 미용

1. 예 술

'예술' 이란 말은 라틴어 '아르스(ars)' 에서 유래하였는데, 이 아르스는 그리스어 '테크네(techne)' 를 직역한 것이다.[1] 그리스 시대의 테크네는 솜씨(skill), 즉 물품, 가옥, 조각상, 선박, 침대, 단지, 옷가지를 만드는데 필요한 솜씨뿐만 아니라 군대를 통솔하고, 토지를 측량하며, 관중을 사로잡는데 요구되는 솜씨를 뜻하였다.

예술은 일체의 실리(實利)를 떠나 창조적 · 직관적으로 미적(美的)이념을 표현하는 인류 문화의 중요한 현상의 하나로 문학 · 미술 · 음악 · 연극 · 영화 · 무용 · 건축 · 조각 등을 포함하며, 광의(廣義)의 의미로는 기술 · 기교까지도 말한다.

예술(art)

독일어로 kunst, 즉, 의식적으로 미(美)를 창조해 내는 활동이란 뜻

건축 · 조각 · 회화 등을 조형 예술이라 말하고, 무용 · 연극 등을 표정 예술이라 하며, 음악을 음향 예술, 시 · 소설 · 희곡 · 평론 등을 언어 예술이라고 한다.[2] '예술' 이라는 단순한 낱말은 우리가 보통 '조형예술' 또는 '시각예술' 하는 식으로 구별하는 예술을 연상케 하지만, 제대로 말하면 그 말에는 당연히 문학과 음악이 포함되어야 할 것이다.

예술가는 외부에 반응하여 생기는 자신의 느낌이나 인상을 상상력으로 조합하여 이것을 표현한다. 따라서 예술을 감상하는 사람은 자신의 상상력으로 작품의 핵심을 파악한다.

파인 아트(fine art)란 좁은 의미로 실용성이 아닌 미(美)의 추구 혹은 개념 표현을 목적으로 하는 회화, 조각 등의 순수 미술(pure art)을 말한다. 최초의 아트라는 말은 라틴어 ars(조립하다, 연구하다)에서 유래하였고, 본래 스킬(skill, 기능, 기술), 크래프트(craf, 역량) 등의 의미로 사용되었다.

거기에 종사하는 사람은 아츠맨(artsman), 크래프츠맨(craftsman) 등으로 불리어져 소위 아르티장(artisan, 직공)이란 의미를 가지고 있었지만 16세기에 아트는 미술이라는 의미를 강하게 갖게 되어 아르티장이 변화되어 아티스트(예술가)라는 말이 쓰였다.[3]

일반적으로 예술은 사람이 감각을 통해 포착된 형태와 면(面)과 매스(mass, 부피를 가진 하나의 덩어리로 느껴지는 문제나 인체의 부분)에 감응하고, 형태와 면과 매스가 어떤 일정한 비례로 배열되어 있을 때 쾌감을 느낀다. 반대로 이러한 배열이 갖춰지지 않는 것에 사람들은 무관심하게 반응하거나 더 나아가 적극적인 불쾌감과 심지어 반발까지도 일으킨다.

모든 관계를 지각하는 것이 미감이고, 그 반대를 지각하는 것이 불쾌감이다. 물론 어떤 사람들은 사물의 외형적인 조화에 관심을 갖지 않을 수도 있다. 색맹인 사람과 같이 매스에 감응하지 않는 사람들도 있을 수 있다. 위와 같은 사물의 시각적인 성질에 관심을 갖지 않는 사람은 예술에 대한 감각이 발달되지 않은 사람이다.

쇼펜하우어는 "모든 예술은 음악의 상태를 동경한다."고 말했다. 쇼펜하우어는 음악의 추상적인 여러 성질을 생각하고 있었다. 음악에서 예술가는 다른 여러 목적을 위해 쓰이는 보통 전달 수단의 도움없이 청중에게 직접 호소할 수 있다. 건축가는 어느 정도 실리적인 목적을 가진 건축물들 속에서 자기표현을 하고, 시인은 언어를 사용하고, 화가는 보통 눈에 보이는 세계를 재현함으로써 자기를 표현한다.

모든 예술가는 이와 같은 동일한 의도, 즉 남을 즐겁게 해주리라는 의욕을 가지고 있다. 따라서 '예술이란 즐거운 형식을 만드는 시도다.' 라고 가장 단순하게 정의할 수 있다.

이러한 여러 형식은 우리의 미감(美感)을 만족시켜 준다. 그리고 그 미감은 우리 오감의 지각이 형식상의 통일이나 조화를 감상할 때 만족을 느끼게 되는 것이다.[4)]

2. 미 용

1. 미용의 개념

미용은 광의(廣義)와 협의(俠義)로 나눌 수 있다. 공중위생법에 따르면, '미용업' 이라 함은 손님의 얼굴, 머리, 피부 등을 손질하여 손님의 외모를 아름답게 꾸미는 영업으로 정의하고 있다.

미용이란 복식 이외의 여러 가지 방법으로 신체에 물리적, 화학적 기교를 행하는 것으로, 피부와 모발, 용모를 아름답게 가꾸거나 개선시키는 것을 말한다. 이러한 방법으로 모발 꾸미기, 피부관리, 메이크업 등을 들 수 있다.

첫째, 머리 모양을 아름답게 개선시키기 위해 모발을 자르거나 커팅(cuting), 펌(perm), 드라이(dry), 컬러링(coloring) 등을 할 수 있다. 또한 가발을 사용하여 대머리를 커버하거나 숱이 적어 고민하는 사람들에게 증모방법으로 숱이 많아 보일 수 있게 하고, 짧은 머리를 길게 연결하기도 한다(extension).

둘째, 건강하고 아름답게 피부를 가꾸고, 체형을 교정하여 아름다운 몸매로 만들며, 마사지를 통해 건강을 증진시키는 등, 의료기구나 의약품을 사용하지 아니한 순수한 피부미용을 할 수 있다.

셋째, 메이크업을 통해 개성적이고 세련된 아름다움을 연출할 수 있다.

위와 같이 미용은 과학과 예술이 접목한 분야라고 할 수 있다. 더욱이 문화와 문명이 발달하고 인간의 기본 욕구인 의식주 문제가 해결될수록 아름다워지려는 욕구는 더욱 커지며, 이를 위한 미용 분야의 역할은 확대될 것으로 전망된다.

과거에 비해 미용인의 위상 변화와 의식의 변화, 그리고 기술의 급속한 발전이 그 증거라고 할 수 있다.[5)]

2. 미용의 의의

미용이란 공중위생법 제2조에 '손님의 얼굴, 머리, 피부 등에 손질을 하여 손님의 외모를 아름답게 꾸미는 것' 이라 정의하고 있으며, 미용기술이란 미용인이 습득한 솜씨를 가리키는 말이다. 그러나 일반적인 기술이란 뜻을 잘 생각해 보면 단순히 이 정도의 의미를 말하는 것은 아니다.

어떠한 기술이라도 전부 공통되게 말할 수 있는 것은, 인간이 자연을 극복하게 됨에 따라서 생겨난 문화적인 산물이라고 생각할 수 있을 것이다.

예를 들면 모든 물체가 지상을 향해서 떨어진다는 간단한 현상을 포착해서 만유인력의 법칙을 발견하고, 그 법칙을 실제 생활에 응용한 것이 기술의 본질이라고 말할 수 있다.

결국 기술이란, 자연의 모든 사물에 관한 유용성을 발견하고 연구하여 응용해서 인간의 삶을 쾌적하고 풍요롭게 하기위한 것이라 할 수 있다. 이처럼 사람의 지혜와 노력의 산물이 기술로써 재주와 솜씨를 완성시키고 있음을 잊어서는 안 된다.

그러므로 미용도 자연의 이치와 조화를 이루어 그것을 각 개인의 개성에 맞게 아름다움을 나타내게 하기 위해 미용인은 자신의 재주와 솜씨를 창조적인 능력을 가지고 표현해야 하는 것이다.[6)]

Chapter 2 헤어아트의 이해

1. 헤어아트란?

1. 헤어아트의 기원

예술이라는 어휘자체는 '후한서' 에서도 나오는 오래된 말로서 학문이나 기예를 가리켰다. 예술은 서구의 아트(art)의 기원으로 '특별한 능력에 의해 어떤 효과를 실현하는 작업' 을 가리키며, 현대에서 말하는 예술만이 아니라 기술이나 학문을 포함하고 있다.

이처럼 예술의 영역은 광범위하게 쓰여져 내려와서 미용에도 영향을 주어 '미용예술', 즉 'Beauty Art' 라는 전문용어로 자연스럽게 사용되고 있다. 그 영향은 실용헤어와 구분되어 헤어아트에서도 나타나 아트(art)적 시각으로 헤어를 조명한다는 의미에서 헤어아트, 즉 예술머리가 탄생되고 있는 것이다.[7)]

인류의 오랜 역사를 통해 보면, 인간에게는 자신의 외모를 가꾸고자 하는 본능적인 욕구가 있다는 것을 발견할 수 있다.

신체장식의 동기를 살펴보면, 다음 세 가지로 나누어 볼 수 있다.

첫째, 원래의 자신에 만족하지 않는 인간의 욕망은 보다 아름답게 변신하고 싶어 하며, 보다 훌륭하고 고귀하게, 보다 예쁘고 매력적으로 보이고 싶어 한다. 이러한 예로는 옷감이 없는 미개사회에서 흙이나 재, 돌가루 등에 기름을 섞어 신체에 장신과 문신, 상흔 등을 새기어 자신의 변화를 끊임없이 시도해왔던 것으로 미루어 알 수 있다.

둘째, 불안해 했던 인간이 불안감을 해소하고 싶은 욕망으로 불안에 대하여 고민하는 약한 존재라는 점과 그 불안스러움으로부터 벗어나기 위한 표현방법을 신체장식으로 나타내고자 했다. 신체장식은 권위, 지위와 부의 표준 또는 상징과 의례적인 표현으로 중요하게 여겨졌고, 고도로 정교하게 발달하였다. 인간들의 지위와 부의 표식으로 신체장식을 하고자했던 그 근원에는 인류가 가진 존재의 불안함을 포장하고자 하는 동기가 바탕이 되고 있다.

셋째, 에로스를 필요로 하는 인간의 문화로 성적매력을 과시하는 몸매 가꾸기가 신체장식의 동기와 같음을 발견할 수 있다.[8)]

그 옛날 크로마뇽시대에는 인류에게도 다른 포유류와 같이 발정기가 있었다고 한다. 다른 포유류처럼 인류의 경우도 발정기가 되면 성적 매력을 과시하고자 하는 몸매 가꾸기를 시도했었으며, 점차 인류 진화와 함께 그 기간이 확대되게 되었고 그로 인하여 시간의 제한을 받지 않게 됨으로써 상시적으로 인류는 몸매 가꾸기를 하게 되었다.[9)]

헤어스타일을 만드는 것은 거의 모든 문화권에서 이루어지는 장식 행위이다. 헤어스타일은 인종과 시대, 문화에 따라 형태의 차이를 보인다. 헤어스타일을 만드는 것은 시대, 민족, 개인에 따라 다양하지만 모두 의복과 관련되어 발전하였고, 어느 시기에는 의복과 더불어 패션의 중심이 되기도 하였다. 또한 헤어스타일 자체가 머리에 쓰는 물건과 일체화된 시기도 있었고 종래에는 일관되게 계급의 차이나 성별을 나타내는 중요한 요소가 되기도 하였다.

얼굴의 형태나 유행에 따라 여러 가지 스타일이 있었는데, 여성에게는 예로부터 동서고금 상하귀천을 막론하고 헤어스타일에 있어서 장식의 역할이 중요하게 여겨졌고, 장식방법도 남자보다 여자가 훨씬 복잡하고 다양하였다.[10)]

미학은 지난 시대적 배경을 짚어봄으로써 헤어스타일의 미래경향을 추측하고 재해석할 수 있다. 예술의 흐름이 조금씩 변화하면서 또 다른 형태의 예술 사조를 탄생시키듯 헤어스타일도 그 시대의 사회적, 정치적, 경제적 배경에 따라 변화해 왔다. 이러한 변화요인들이 첨가되어 또 다른 스타일을 형성한다. 따라서 헤어도 예술의 한 장르로써 헤어스타일을 특징화하여 시대의 흐름에 따라 디자인을 예측하고 제시 할 수 있다.[11)]

이를 근거로 하여 헤어스타일을 만드는 일은 오랜기간 실용 기술로써 인류의 역사와 함께 발전해 왔고, 인체를 기본으로 한 건축이나 의복부분과 함께 실용의 측면과 예술적 장르에도 제외될 수 없는 중요한 위치에 있다. 그러므로 헤어스타일도 모방에서 기술로, 기술에서 창조로, 실용기술과 창조를 아우르는 새로운 개념인 '헤어아트' 로 명명되어지기에 이르렀다.[12)]

2. 헤어아트의 개념

예술의 영역은 계속 확장, 발전되고 있어서 미용에도 영향을 주어 '미용예술', 즉 뷰티아트(Beauty Art)라는 전문용어가 자연스럽게 사용되고 있으며, 분야가 세분화되어 네일아트(Nail Art)라는 용어도 일반화되었다. 그 영향은 앞서 말한 바와 같이 실용헤어와 구분되는 예술적 헤어아트(Hair Art)를 탄생시켰다.

헤어 미용은 우리 인간의 신체 중 중요한 일부분에 사회적 시대적 배경에 의해 창조되는 일상적 생활문화의 일환이며, 헤어아트는 실용성에 인간의 미적 감성을 투영하는 예술작품이다. 헤어아트란 예술의 개념과 헤어의 기능성을 결합시킨 새로운 표현양식이며 내부의 형상으로 표현되지 못하던 아이디어가 외부의 신체 일부를 통해서 구체적인 형태를 갖추는 '인간이 창조하는 유형의 예술작품'이라 할 수 있다.

예술의 중요요소는 작가와 작가의 구상과 계획, 그리고 제작의 결과로 이루어진 작품, 그리고 그 결과물을 감상하는 관객이 어우러져 상호과정을 거치면서 감성을 유발하고 그 반응을 전달하는 것이다. 현대의 예술은 전문화되면서 종합적이고 많은 학문분야와 관련된 독창성 있는 작품의 필요성이 대두되었고 이러한 통합분야 중 하나가 헤어아트라고 할 수 있다. 즉, 헤어아트는 작가의 정서를 표현하는 예술로, 미용과 예술이 만난 것으로 볼 수 있다.

일상적인 형태로 당시의 경향에 맞추어 현장의 디자이너들에 의해 표현되는 실용헤어와는 달리 헤어아트는 여러 가지 제한적인 모발의 특성상 오브제(object)를 이용한 예술작품으로 작가의 개성이 강하게 표현된다. 그러므로 헤어아트는 조형성이나 작품성에서 고정관념을 뛰어넘는 형태들로 시각적 감상의 목적도 갖는다.

실용적 착용을 전제로 한 작품들로 전개 될 수 있다는 점에서는 그 의의가 높다고 볼 수 있다. 헤어아트는 예술적인 헤어라는 포괄적인 의미이며, 일상적인 치장만을 위한 미용으로 한정시키지 않고 예술적인 표현을 강조한 헤어로서 광범위한 의미를 갖게 된다.

신체의 조건에 따라 분석, 디자인 및 제작이 되어 왔던 기존의 실용 헤어는 트랜드에 따라 스타일과 테크닉 모방이 획일적이었다. 반면 헤어아트는 전통적 미학적 가치를 거부하는 극도로 과장된 조형적 양상이나 고정관념의 해체된 경향들로 표현되고 있다. 이는 신체의 일부에 직접 대입할 수 있건 없던 간에 그 매개가 인간의 몸의 일부이고, 헤어아트 작가들은 다양한 재료를 이용해 인간의 욕구, 희망, 죽음, 젠더, 정체성을 사실적으로 제시하고 있다고 할 수 있다.

헤어아트는 예술적 사상이나 개념의 표현이라 할 수 있다. 상징적인 의미의 표현은 풍부한 함축성을 지녀 순수예술적인 작품의 제작이 가능하다. 또한 헤어아트는 인체의 일부를 적극적으로 인식하는 바탕에서 시작되는 창작행위이다.

작가 고유의 경험으로 철학, 사상, 감정을 주제로 하여 수공예적 장인정신에 입각한 디테일을 존중하며, 예술적 표현력을 강화한다. 다양한 재료를 자유자재로 혼합사용이 가능하여 주변의 모든 물질들이 소재가 될 수 있고, 다양한 예술적 표현이 얼마든지 가능하다고 할 수 있다.[13)]

'미술머리', '예술머리' 라고 개념화되는 '헤어아트' 는 '미술적 측면에서 바라본 헤어의 또 다른 영역' 으로 작가의 세계에 대한 정신적 모색의 결과물이 '헤어' 라는 축소된 모티브를 근거로 다른 사람과 소통하는 방안의 하나이다.[14)]

헤어아트는 헤어를 모티브로 하여 주제에 따라 구속받지 않고 다양한 형태로 표현될 뿐 아니라, 재료에 구속받지 않고 여러 가지 기법으로 디자인 하는 기법과 형을 마음껏 표현함으로써 초월적인 자유로움이 나타나고 있다.[15)]

현대에는 헤어스타일이 대중문화의 대표적인 영역이기도 하다. 현대의 헤어스타일은 자기 자신을 표현하는 수단이 되었으며, 대중문화와 매체의 확장으로 즉각적으로 접근가능한 대중예술의 개념으로 발전하였다. 또 현대에 이르러서는 서로 다른 분야와 협업 및 공동작업, 그리고 자본의 도움으로 이루어진 매체의 발달로 예술 창작의 영역은 더욱 넓은 범위로 확대되었다.[16)]

헤어아트라는 시도가 전통적인 헤어스타일에서 탈피하여 예술적 표현을 강조하기 위한 의도로부터 이루어졌음을 생각해 볼 때, 헤어아트의 개념은 주로 작가의 의도에 대한 관점에서부터 자연적으로 발전되어 왔다고 볼 수 있다. 또한 모발이라는 인체의 일부를 매개체로 하여 예술세계를 표현함에 있어서 실용성이나 유행의 여부에 관계없이 순수한 미적 가치의 구현을 목적으로 한다는 것도 알 수 있다.

또한 작가의 순수한 표현성과 실험성이 강하게 추구되고 작가의 메시지가 강도 높게 나타나며, 여러 다양한 표현양식을 통해 집합적 행위예술로 나타나고 있다.[17)]

2. 헤어아트의 발전

헤어아트가 학문적으로 본격적인 발전을 거듭하게 되는 과정들을 살펴보면 다음과 같이 정리해 볼 수 있다. 헤어아트의 선행된 연구사례를 보면 1977년 "KAWA 1997년 Arts in Hats"이다. 이는 복식문화측면에서 조명한 헤어아트의 첫 전시이다.

또한 1997년 10월 8일에 '제2회 '97광주 비엔날레 헤어쇼'가 개최되었다. 이후에 미용문화 측면에서의 헤어아트전시회는 활발히 전개되었고, 그 중에서도 선두적인 역할을 하고 있는 서경대학교 미용예술전시회가 있다. 서경대학교 미용예술전시회는 2005년부터 시작되었고 작품의 전시는 다음과 같이 진행되었다.

① 1997년 "KAWA 1997년 Arts in Hats"
② 1997년 10월 "제2회 '97광주 비엔날레 헤어쇼"
③ 2005년 6월 '初 새로운 시작' 제 1회 헤어아트 전시회가 서경대학교 문예홀 2005년 10월 중국의 '中國 寧波 國嚌服裝 博覽會'
④ 2006년 6월 제 2회 헤어아트 전시회 '서경대학교 문예홀'
2006년 7월 '2006 in Paris'
⑤ 2007년 5월 제 3회 헤어아트 전시회 '서경대학교 본관 6층 전시 홀'
2007년 10월 '中國 寧波 國嚌服裝 博覽會' '2007 in China'

⑥ 2008년 5월 제4회 헤어아트 전시회 '서경대학교 문예홀 로비'
2008년 7월 'In Paris'

⑦ 2009년 10월 제 5회 헤어아트 전시회 '서경대학교 유담관 내 뷰티아트센터'

⑧ 2010년 8월 영국의 'Chichester College'
2010년 11월 제 6회 헤어아트 전시회 '서경대학교 유담관 내 뷰티아트센터'

⑨ 2011년 1월 중국의 'LKJ 北京'

⑩ 2011년 8월 'Cancun, Mexico'

⑪ 2012년 7월 'Mondalay Bay Conveation, Lasvegas'

3. 헤어아트의 종류

1. 실용적인 헤어아트

실용적인 헤어아트는 모델이나 마네킹을 이용하여 만든 헤어아트로 헤어 미용에 실용적으로 적용할 수 있고, 실제 인물을 통해 작품을 창작하여 헤어 쇼에도 활용할 수 있으며, 소재에 제한하지 않고 다양한 소재의 사용을 허용하는 헤어아트를 말한다. 그 예로는 고전머리나 크리에이티브 & 헤어 바이나이트도 포함할 수 있다.

양은진(2005)-Fly [18)]

홍도화 헤어아트 [19)]

홍도화 헤어아트

김진숙 헤어아트 [20]

이현진(2010)-Metal Classic [21]

김은하(2009)-존귀함 [22]

최병숙(2008)-벅찬 나래의 행복 [23]

이순녀(2006)-여인의 향기 [24]

김순경(2008)-황진이 [25]

김동분(2006)-세이렌 [26]

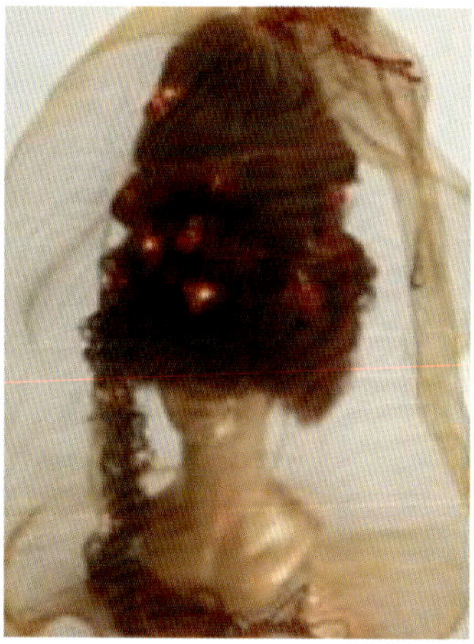
임은진(2005)
The birth of nobiliy [27]

천안연암대학(2010) 학생작품 [28]

2. 모발로 표현한 헤어아트

모발로 표현한 헤어아트는 소재의 특성에 따라 구분한 헤어아트의 종류로 볼 수 있다. 따라서 소재를 모발로 사용한 헤어아트로서 디자인이나 실용성과 관계없는 헤어아트를 일컫는다. 모발로 표현한 헤어아트는 유리아트나 케이크 아트 등이 그 소재에 의해 이름 붙여진 것을 근거로 해서 분류한 헤어아트이다. 모발로 표현한 헤어아트는 헤어 미용의 적용 등에 관계없이 공예미술적인 특징을 가진다.

박지선(2008)–매듭 [29]

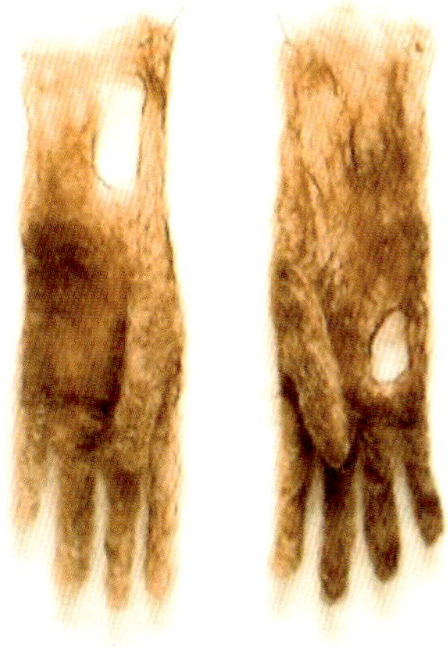

Adrienne Antonson의 손 [30]

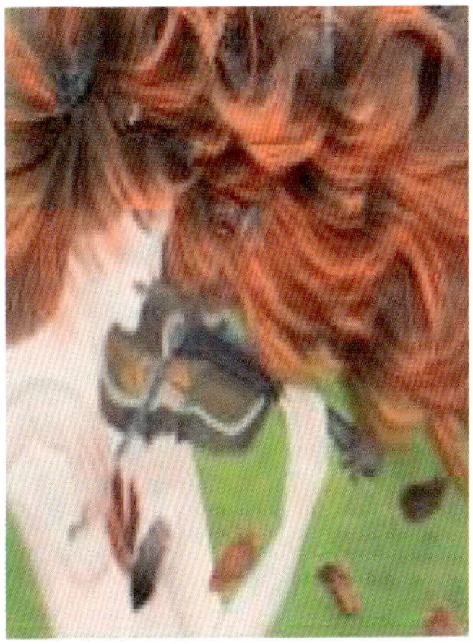

홍도화 헤어아트 [31]

이복희(2007)–글로컬리즘 [32]

영산대학교 학생작품 [33]

박혜지(2011)–꽃의 여신 [34]

김진숙 헤어아트 35)

천안연암대학(2009) 학생작품 36)

머리카락 작품 37)

Jonathan Adler-Frisa 38)

김진아(2010)-하나 39)

김진숙 헤어아트 40)

3. 미술적 측면의 조형적 헤어아트

미술적 측면의 조형적 헤어아트는 소재에 있어서 어떠한 제한도 받지 않고, 헤어 디자인의 어떠한 한계적 제한도 허용치 않는 전형적인 미술의 창의적 성격을 가진다. 작가의 내면적 미감을 자유로이 표현할 수 있고, 미술사조의 영향을 담을 수 있는 헤어아트로 구상에서부터 추상에 이르기까지 자유로운 창의성을 드러낼 수 있다.

김환(2008)–아프라삭스 [41]

이경희(2008)–환상 [42]

이혜진(2009)–큐디즘 [43]

이윤현(2010)–이브의 유혹 [44]

윤아람(2007)–움직임 [45]

김슬기(2010)–듣고있어 [46]

류경아(2011) [47]

임지현(2010)–함께 [48]

이경숙(2005)–a dreamer [49]

허선영(2008)-발광 [50)]

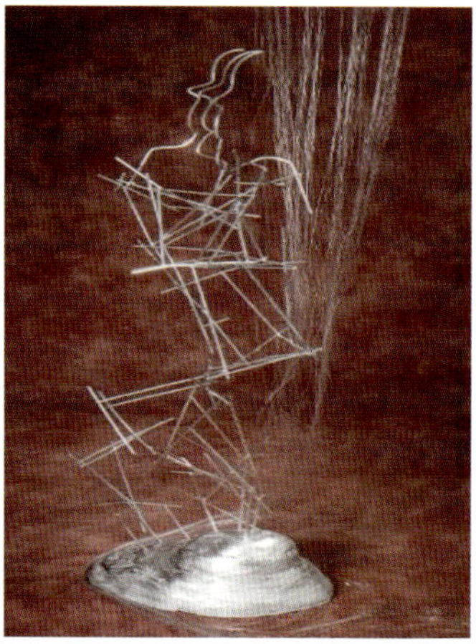

이영준(2007)
Singing in the Rain [51)]

김동분(2010)-美의 상승 [52)]

Chapter 3 헤어아트 디자인 발상법

1. 디자인 발상법의 개념[53)]

디자인(decign)이란 의장(意匠) · 도안 등을 말하며, 디자인이라는 용어는 '지시하다', '표현하다', '성취하다' 의 뜻을 가지고 있는 라틴어의 데시그나레(designare)에서 유래한다.

디자인은 관념적인 것이 아니고 실체이기 때문에 어떠한 종류의 디자인이든지 실체를 떠나서 생각할 수 없다. 디자인은 주어진 어떤 목적을 달성하기 위하여 여러 조형요소 가운데서 의도적으로 선택하여 그것을 합리적으로 구성, 유기적인 통일을 얻기 위한 창조활동이며, 그 결과의 실체가 곧 디자인이다. 즉 디자인이란 주어진 목적을 조형적으로 실체화하는 것으로 요약할 수 있다.[54)]

또 그 발상은 착상(conception)이라 불리는 사전적 · 포괄적 의미가 있다.

첫째, 어떤 일을 생각해 내는 것 또는 그 생각.
둘째, 생각을 전개시키거나 정리하여 형태를 갖추는 것.
셋째, 악곡의 곡상완급강약 등을 표현하는 것.

우리의 삶은 생각에 의한 아이디어의 산출과정과 그것을 방향에 맞게 구체화하는 과정을 통해 나타난 결과물이다. 최초의 자동차 발명과 비행기의 출현도 그러하다. 문제해결을 위한 고민이 선행되고 그것을 위한 상상력이 목적성을 띠고 사고 속에서 창의성을 부여해 실질적으로 구체화되는 과정을 거쳐 특정한 사물이 나타나게 된 것이다. 이렇게 하여 산출된 결과나 문제해결을 위해 생각을 떠올리고 형성해가는 사고과정을 발상(發想)이라고 한다.[55)]

발상은 사람 나름대로 고유하고 창의적인 아이디어를 구체화하는 과정을 말하며, 아무리 창의적인 사고가 잠재해 있다 하더라도 그것을 구체화시킬 수 있는 사고과정이 따라주지 않는다면 무의미하게 되는 것이다. 창조적 발상은 개개인이 지닌 지식의 양과 지식을 운용하는 방법에 의하여 차이가 나며 어떤 특정한 것을 알고 이해하는 것과 창조적으로 사용하는 방법을 아는 것은 다르다.

또 창조를 위한 지식은 습득이 가능하며 습관화된 훈련에 의해서 개발될 수 있다. 그러므로 창의적인 디자인을 위한 생각이 표출될 수 있도록 구체화하는 과정, 즉 체계적인 발상법이 중요하다.

현대사회는 높은 교육수준으로 인해 생활의 질적 향상에 따른 디자인 산업의 중요성이 크게 인식되고 있다. 그러나 우리의 현실은 디자인의 밑거름이 되는 창의성보다는 주입식 지식전달 위주의 학습이 반복됨으로써 창의성이 제대로 개발되지 못한 채 시들어버리는 경우가 많다.

실질적으로 의식적인 특정한 발상기법을 사용하지 않고도 스스로 의지성과 논리적 발전을 통해 창의적인 아이디어를 도출해 낼 수 있는 사람도 있다. 하지만 그들은 처음부터 그렇게 타고 났다기보다 의식적이지는 않지만 스스로 습관화된 사고의 훈련에 의해 아이디어를 표출시키며 끊임없는 발상의 전환을 그들의 삶 속에서 스스로 즐겼기 때문이다.[56)]

창의성은 외부의 자극을 순간적으로 표현하는 것이 아니라 그것을 끌어내기 위한 체계적이고 단계적인 진행에 의한 것으로 습관적인 순발력에 의지하기보다 다양한 발상법에 대하여 알아보고 각각의 특징과 한계를 이해하고 그것을 효과적인 디자인 발상을 창출할 수 있는 발상법의 통찰과정이 필요하다.

2. 디자인 발상법의 종류

독특하고 개성있는 창조적인 디자인은 상품의 중요한 조건이 된다. 창의력은 중요한 능력으로 창의력을 발휘하는 것은 새로운 것을 창조하는 것이다. “창조성이란 누구나 가지고 있으며 그것을 드러내놓느냐 그렇지 않느냐의 차이일 뿐”[57)]이라고 했다. 선천적으로 타고 나는 것이지만 훈련을 통해서 이를 개발하지 않으면 그 능력을 충분히 발휘하기 힘들다는 의미이다.

그러므로 창조란 새로운 것을 만들어 내는 것이고 이를 위한 과정을 창의라 한다면 창의적 발상을 위하여 우리는 얼마나 많은 해결책을 내세울 수 있는지를 먼저 생각해 보아야 한다.

우리는 문제를 해결하기 위해서 하나하나 선택한 방법들을 시험해 보고 그에 따른 해결책이 나오지 않을 경우는 다시 수정하고 적용하는 과정을 반복함으로써 가장 창의적인 방법에 접근할 수 있게 된다.

노벨상 수상자인 과학자 라이너스 폴링(Linus Carl Pauling)은 “훌륭한 아이디어를 얻는 최선의 방법은 많은 아이디어를 갖는 것이다.”라고 말했다. 창의적이고 훌륭한 아이디어를 만들기 위해서는 디자인 발상이 최우선이다.

디자인 발상법에는 대표적으로 브레인스토밍(Brainstoming), 형태분석법, 시네틱스(Synectics), 마인드맵(Mind-map), 체크리스트법(Check list Technique)이 있다.

1. 브레인스토밍 (Brainstoming)

브레인스토밍은 ‘두뇌’ 라는 뜻의 ‘brain’ 과 ‘폭풍’ 이라는 뜻의 ‘storm’ 이 결합된 단어로서 마치 두뇌에서 폭풍이 몰아치듯이 생각나는 아이디어를 모두 내어놓는다는 의미를 갖고 있다.[58)]

이 기법은 1938년 미국의 BBDO(Batten Barton Durstine and Osborn) 광고회사의 부장으로 있던 오스본(A.F.Osborn)이 전통적인 회의에 불만을 품고 그것을 개선하여 고안해낸 일종의 아이디어 회의방식이다.

초창기 광고회사와 같은 아이디어 창출을 목적으로 하는 곳에서 조직적인 아이디어의 창출을 위한 방법으로 사용하였으나 계속된 연구를 통하여 창의성 개발의 방법으로 산업계와 교육계[59)] 등 디자인 분야에서도 널리 사용되어지고 있다.

우리 속담 중에 “백지장도 맞들면 낫다”는 말이 있다. 어려운 문제도 여럿이 모여 풀면 더 쉬워진다는 의미이다.

한 사람의 개인보다 집단이 더 많은 정보를 가지고 있고 서로 경험과 배경이 다른 여러 사람이 모이면 자신의 아이디어 이외에 다른 사람의 아이디어에서 자극을 받아 미처 생각하지 못하던 부분까지도 떠오르게 할 수 있다는 것이다.

브레인스토밍기법의 기본원리는 판단보류와 많은 양 가운데서 질 좋은 아이디어가 나온다는 것이다. 전통토의와 브레인스토밍의 차이점은 활동을 진행하는 동안에 집단의 어느 누구도 아이디어를 비판해서는 안 된다는 것이다.

이러한 이유로 오스본은 평가를 뒤로 미루고 우스꽝스럽고 웃기는 아이디어도 받아들이고 타인의 아이디어와 결합하여 자신만의 아이디어를 만들도록 네 가지규칙[60)]을 제안하였다.

첫째, 아이디어의 창출을 저해하는 비판평가 또는 판단을 마지막까지 피해야 한다는 것이다. 이것은 브레인스토밍의 장점인 판단의 유보를 통한 비판을 배제함으로써 더 많은 양의 아이디어를 얻어내기 위함이다.

둘째, 창의적인 사고는 자유로운 분위기에서 일어난다. 아무리 어리석어 보이거나 우스워 보이는 아이디어라도 수용해야 한다. 웃음거리가 될지도 모른다는 소극적 생각에서 벗어나면 자유롭게 느낌과 생각을 표현함으로써 두뇌활동은 더욱 촉진될 수 있고 이러한 자유로운 분위기 속에서 더 많은 아이디어를 낼 수 있게 된다고 하였다.

셋째, 브레인스토밍에서는 양을 강조한다. 처음부터 좋은 아이디어가 나오는 것은 아니기 때문에 자유로운 분위기를 통하여 많은 아이디어를 내도록 하고 축적된 아이디어를 목록별로 정리하고 발전시켜 원하는 아이디어를 산출해내는 것이다.

넷째, 이미 제안된 아이디어나 타인의 제안에 착안하여 새로운 아이디어를 이끌어 낼 수 있도록 한다. 다른 사람의 아이디어를 비판없이 받아들이는 것이 아니라 결합과 개선을 통하여 보다 나은 아이디어를 낼 수 있다는 점에서 매우 중요하다고 볼 수 있다.

브레인스토밍은 이상의 네 가지 규칙을 잘 이해하고 따라야 보다 많은 아이디어를 얻을 수 있다고 한다. 따라서 한 가지씩 연습과 훈련을 통하여 충분히 숙지하는 것이 중요하다.

그밖에 브레인스토밍에서 필요한 활동 중 하나는 평가이다. 이것은 브레인스토밍을, 문제해결을 위한 과정으로 다양한 아이디어를 산출하는 데서 끝내는 것이 아니라 수 많은 아이디어 중 그 효과와 실행 가능성을 평가하여 문제 해결에 도움이 될 수 있도록 하는 작업이 반드시 동반되어야 하는 것이다.

2. 형태분석법

형태분석법이란 원래 전체적인 형태를 세부적으로 나누어 다양한 변수로 조합시키는 것이지만, 아이디어를 형태적으로 정리하면서 보충하고 취합하여 정리해 가는 기법이다.

이 기법은 미국의 캘리포니아 대학의 프리츠 즈위키(Fritz Zwicky)교수가 제안한 것으로 신제품, 신기술의 개발이나 제품 포장의 개선 등 사용범위가 굉장히 넓다. 주로 새로운 디자인의 형태를 구상해 낼 수 있는 독창적 사고력을 필요로 하는 발상법이다.[61]

일반적으로 형태의 범주에서 다루는 것들은 점, 선, 면, 입체 등이 있으며, 디자인에 있어서 형태는 대상물이 추구하는 사용목적과 일치할 때 비로소 독립된 형태로서의 가치를 지니기 때문에 기본적으로 대중성의 가치를 내포하고 있어야 한다.[62]

형태는 한 작품의 시각구성을 나타내는 광의적인 단어로 상용되기도 하는데 디자인의 '예술적인 형태'라고 쓰인다면 바로 형을 의미하는 것일 뿐만 아니라 색채의 질감, 명암, 패턴, 균형 등을 말하는 것이다.[63]

형태분석법은 디자인 문제가 수행해야 할 기능, 요구사항 등을 충족시킬 부분적 해결안(sub-solution)을 강구하여 이들을 종합하여 새로운 체계를 형성하는 보다 발전적이고 체계적인 방법에 속한다.

이 방법은 특히 비교적 짧은 시간에 각 디자인 요인들을 소홀히 하지 않고 많은 양의 아이디어를 발상할 수 있는 장점을 가지고 있다.

또한 이 방법은 여타의 창조성 창출을 위한 기법과는 달리, 시각적 접근이 가능하기 때문에 보다 구체적 해결안을 도출시킬 수 있다.[64)]

이 방법은 제품 디자인, 기술적 혁신, 사회분석 등 여러 분야에 걸쳐 유용하게 활용될 수 있다. 형태분석법의 과정[65)]은 다음과 같다.

첫째, 문제를 정확하게 정의한다.
둘째, 모든 요인(독립변수)을 열거한다. 요인은 특성, 상태, 기능, 조건 등이 될 수 있다.
셋째, 각 요인(독립변수)이 가질 수 있는 가능성을 가능한 많이 찾아낸다.
넷째, 형태분석표를 작성한다. 표 3-1은 형태분석표의 예제이다.
다섯째, 요인별 속성간의 결합을 통해 아이디어 발상을 한다.

표 3-1 형태분석표

변 수	부분적 해결안			
	치 수	양	위 치	모 양
눈				
코				
입				
피 부				

표 3-1은 주요변수를 왼쪽 열에 위치시키고 각 변수별 부분적 해결안은 변수 행에 나열해 놓고 매트릭스 형식의 표를 작성한다.

부분적 해결안의 각 부분은 다음과 같은 용어를 활용할 수 있다.

치수 : 길게, 두껍게, 깊게, 수직으로, 수평으로 등
양 : 보다 많게, 보다 작게, 합친다. 뺀다. 다른 것과의 결합 등
위치 : 위로, 아래로, 앞으로, 뒤로 등
모양 : 끌어당긴다. 회전시킨다. 다양한 패턴으로 변환 등 이때 기초 형태와 새로운 형태를 분류하여 작성하면 디자인의 형태 결정에 많은 도움을 줄 수 있다.[66)]

이러한 체계적인 단계를 통한 형태분석법은 외형적 특징을 나열 전개함으로써 막연하게 전체적인 형태를 구상할 경우 빠뜨릴 수 있는 주요 변수들을 표로 만들어 체계적인 아이디어 발상이 가능하게 한 발상방법으로 시각을 통하여 메시지를 전달하는 헤어아트 디자인 측면에서 시도해 볼 수 있는 발상법이라고 할 수 있다.

3. 시네틱스 (Synectics)

시네틱스(Synectics)의 어원은 '서로 관련없는 요소들 간의 결합' 을 의미하는 희랍어의 'Synetcos' 에 두고 있으며, 서로 아무런 관계가 없는 요인들은 하나의 의미있는 것으로 통합하는 창의적 발상이다. SYN은 '같이 한다' 는 의미의 접두어이며 NECT는 '결합한다' 는 의미인 'connection' 의 생략어 ICS는 '학문' 을 의미하는 접미어이다.[67]

이 기법은 고든(Gordon, 1961)에 의해 여러 해 동안 실험을 거쳐 만들어진 집단 아이디어 발상법 중 하나이다. 고든은 천재라고 불리는 사람들의 사고과정에 대하여 의문을 갖기 시작하였고 그들을 대상으로 심리연구를 실시한 후 위대한 발명가의 대부분이 발상과정에서 '유추(analogy)의 사고' 를 한다는 공통적인 현상을 발견했다.
'유추의 사고' 란 어떤 사물과 현상을 관찰하여 다른 사상을 추측하거나 연상하는 것을 말하는 것이다.

이렇듯 은유와 유추를 통하여 관계없는 요소들을 결부시키는 시네틱스 기법은 두 가지로 설명될 수 있다. 하나는 친숙한 것을 이용해 새로운 것을 창안하는 것이고 다른 하나는 친숙하지 않은 것을 친숙한 것으로 보도록 하는 것이다. 우리가 주변의 사물로부터 무엇인가를 추출하려면 먼저 친숙해서 달리보이는 것이 하나도 없는 것처럼 보이는 상황을 벗어나야 한다.

우리는 친숙하지 않은 것을 보면 기존의 인지구조 내에서 이들을 탐색한 후에 무관심의 영역으로 내던져 버리는 때가 많다. 그러나 창의적인 사고를 하기 위해서는 주변에서 접하게 되는 친숙하지 않은 상황도 수용할 수 있어야 한다는 것이다.[68]

시네틱스는 다음과 같은 4가지 유형의 유추방법[69]을 사용한다.

첫째, 직접유추(Directanalogy)는 실제로는 닮지 않은 두 개의 개념 또는 주변의 사물들을 직접적으로 단순 비교하는 유추방법으로 우리 주변에 있는 사물들과 개념을 연결시킴으로써 주제의 힌트가 될만한 것들을 우연히 찾아내기도 한다.

옷에 달라붙는 엉겅퀴 열매로부터 매직파스너의 아이디어가 나왔으며, 벨은 사람의 입과 귀를 유추하여 초창기의 선화기를 발명하게 되었다. 그밖에도 우산을 통하여 낙하산의 원리를 알아냈고 벌레의 유충이 기어가는 모습을 통하여 탱크를 발명하게 된 예를 들 수 있다.

둘째, 의인유추(Personalanalogy)는 스스로 사물이나 개념 문제의 대상과 완전히 일체화 되도록 하는 유추방법으로 단순히 문제를 인식하는 것에 그치지 않고 감정이입을 통하여 정서적 이해를 경험하도록 하는 것이다. 예를 들어 카메라 개발에 있어 개발자가 직접 카메라가 되어 발언해보는 것, 나무가 겪는 어려움을 알아내기 위하여 직접나무가 되어 가상적으로 작용해보는 유추이다.

셋째, 상징유추(Symbolicanalogy)는 두 대상물의 관계를 기술하는 과정에서 상징을 활용하는 유추방법으로 두 개의 서로 모순되어 보이거나 반대되는 단어를 사용하여 어떤 현상을 기술하도록 하는 것이다. 결합된 두 개의 단어는 심리적 긴장 또는 인지적 갈등을 초래하고 갈등이 곧 새로운 의미를 창조하기도 한다.[70] 동화나 이야기, 사건을 예로 들 수 있다. 동화 '파랑새' 로부터 나온 '파랑새 증후군', '백설공주 콤플렉스', '피터팬 신드롬', '나폴레옹 콤플렉스' 등이 있다.

넷째, 환상적 유추(Fantasyanalogy)는 현실적인 유추를 통해서 해결될 수 없을 때 창조적 상상력을 활용하는 환상적이고 신화적인 유추방법이다. 하늘을 나는 양탄자와 말하는 고양이 등을 그 예로 들 수 있다.

이와같이 시네틱스기법은 우연히 아이디어를 구하려고 노력하는 브레인스토밍보다 훨씬 정교하게 다듬어졌으며 상상력을 동원한 유용하고 창의적인 반응을 통하여 특이하고 실질적인 문제전략을 이끌어 낸다는 장점을 가지고 있다.

흔히 '유추'라는 말 대신 '비유'로 설명하기도 하며, 이를 통하여 고정관념을 깨고 새로운 대안을 창출해 낼 수 있다. 그러나 시네틱스 발상법은 문제 해결과정의 시작부터 끝까지 단계적으로 적용하기에는 용이하지 않으며 문제 해결을 위한 하나의 비유의 과정으로 풀어가는 것이 적당하다고 하겠다.

4. 마인드 맵 (Mind-map)

마인드 맵(Mind-map)은 '생각의 지도' 라는 뜻으로 직접 뇌 속을 들여다보는 것처럼 우리의 마음 속을 끄집어내어 한 눈에 볼 수 있게 해주는 발상법이다. 토니부잔(Tony Buzan)에 의해 고안되었고 보편적으로 많이 사용되는 방법 중 하나이다.

마인드맵은 우리가 무엇을 생각할 때 종이에 낙서를 하는 것에서 발전한 것으로 자신이 읽고, 생각하고, 분석하고, 기억하는 모든 정보를 자기 자신만의 독특한 이미지(중심이미지와 보조이미지)와 핵심단어, 그리고 색과 부호를 이용하여 좌 · 우뇌의 기능을 유기적으로 연결해 종합적인 두뇌사고 활동을 활발하게 자극함으로써 독창적이고 종합적인 구조로 조직화해서 다양한 방식으로 표현한 것을 말한다.

마인드맵의 전개방법[71]은 다음과 같다.

첫째, 준비된 지면의 중심에서부터 나타내고자 하는 주제를 함축적으로 나타낸다.
이 주제를 나타낸 이미지를 핵심이미지 또는 중심이미지라고 한다. 주제 이미지는 3가지 이상의 색상을 사용하고, 함축적인 단어, 상징화한 그림, 약화, 일러스트, 만화, 사진 등으로 나타내고 채색하여, 주제를 가장 효과적으로 시각화하면서 상상력을 자극할 수 있는 방법을 택한다.

둘째, 나무에서 큰 가지가 빠져나온 것과 같이 중심이미지에 주 가지를 연결한다. 중심이미지가 그림이므로 주 가지에는 핵심단어만 쓰도록 한다. 이것은 그림이 중복되면서 나타날 수 있는 생각의 혼돈을 방지하기 위함이다.

셋째, 주 가지에 보다 작고 가는 부 가지를 연결한다. 부 가지 위에는 핵심단어, 그림, 기호, 약화 등을 이용하여 다양하게 표현이 가능하며 주 가지 별로 차례를 정할 필요는 없다. 꼬리에 꼬리를 무는 연상이 계속되는 경우, 가지는 연속적으로 계속 그려나갈 수 있다.

그림 3-1은 마인드맵의 기본적인 원리를 응용하여 적합한 결과를 보여주는 예로서, 중심으로부터 사방으로 뻗어나가는 방사형 사고(Radiant Thinking)의 원리이며, 우리의 생각을 지도처럼 공간적으로 넓게 펼칠 수 있게 한다. 따라서 마인드맵은 2차원적인 용지에 표현되지만 실제로는 다차원적인 패턴(공간, 시간, 색상 등)을 만들어 준다. 또한 단어, 이미지, 색상, 숫자, 리듬, 공간지각 등의 뇌의 모든 기능을 최대한 활용하도록 도와준다.[73)]

또 마인드맵은 그룹과 개인의 발상에 있어서 내면의 생각들을 유연하고 자연스럽게 끄집어내는 유용한 발상법으로 연상작용에 의한 파지효과가 뛰어난 발상법이라 할 수 있다.

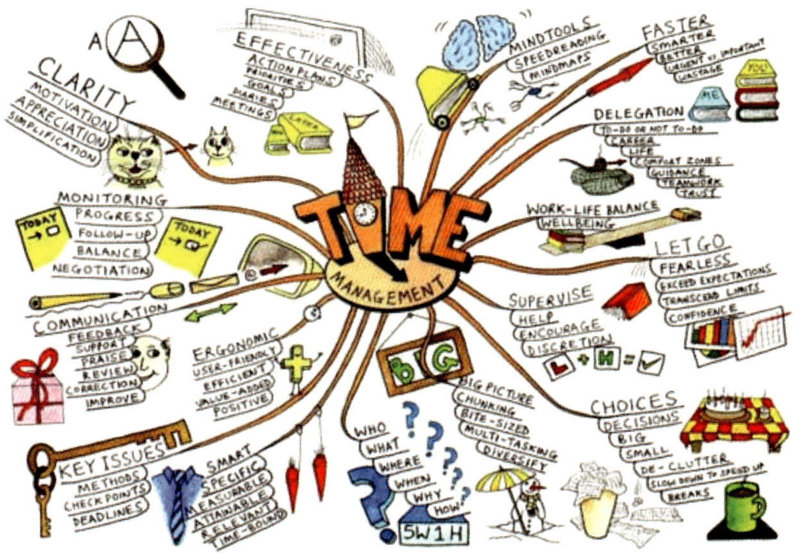

그림 3-1 기본적 원칙을 응용한 마인드 맵[72)]

5. 체크리스트법 (Checklist Technique)

체크리스트법은 어떠한 기준을 통하여 하나씩 하나씩 질문 사항을 체크하고 생각해 감으로서 모든 사항에 대한 다양성을 꼼꼼하게 확인해 보도록 만든 발상법이다. 이미 1백 여년 전부터 활용되어 왔으며, 현대에 이르러 브레인스토밍법의 창안자로 더욱 유명한 오스본에 의하여 좀 더 구체적으로 고안, 개량되어 졌다.

이 방법은 '이렇게 하면 어떨까?' 라고 스스로 묻는 형식의 발상법으로 디자인 발상에 관련된 항목들을 나열하고 그 항목별로 어떤 특정적 변수에 대해 '검토' 해 봄으로써 아이디어를 구상하는 방법이다. 그리고 사용법이 간단하여 비단 아이디어의 발상 뿐만아니라 평가를 위한 기준으로도 사용될 수 있다.[74]

표 3-2 체크리스트법[75]

질 문	적용 방법	활용예
대체하면 substitute	사람, 물질, 방법을 대체 할 수는 없을까? 기존의 시각과는 다른 각도에서 생각을 유발하기 위한 것으로 기존의 장소, 방법, 내용, 색깔, 소리 등을 다른 것으로 대치, 대체하는 방안을 생각하는 방법이다.	종이컵 종이성냥 발전소
결합하면 combine	물질, 아이디어를 짜 맞출 수 없을까? 두 개 이상의 어휘, 물건, 개념, 인물 등 두 가지 이상의 것들을 결합하여 새로운 것으로 유발하기 위한 것이다.	복합기 스마트폰
응용하면 adapt	새로운 것을 알맞게 맞춰 쓸 수 없을까? 어떤 형태나 원리, 방법을 다른 분야의 조건이나 목적에 맞게 응용해 볼 수 있도록 생각을 유발하는 방법이다.	벨크로 (찍찍이)
수정하면 확대 · 축소 modify	달리 만들거나 변형할 수 없을까? 어떤 것의 특성이나 모양 등을 변형하거나 확대 또는 축소하여 새로운 것을 생성하는 방법이다.	노트북 전기면도기
다른 용도는 put to other uses	조금 바꿔서 쓸 수 없을까? 어떤 사물이나 아이디어를 다른 방법으로 쓰는 방안을 생각한다. 기존에 쓰는 것을 사고의 방향을 약간 달리하여 다른 곳에서 요긴하게 사용할 수 있는 것으로 만들 수 있다.	버려진 비행기를 개조한 식당

(계속)

삭제하면 elimination	이 부분을 없애면 어떨까? 어떤 부분을 삭제, 소거, 생략시키면 어떨지를 생각한다. 필요한 것과 필요없는 것을 구분하고 선택할 수 있게 한다. 좋은 아이디어 속에도 부분적으로 삭제됨으로서 더욱 나은 것으로 거듭 날 수 있는 것이 있다.	컨버터블 무선전화기 휴대용 청소기
재배치하면 rearrange	순서나 요소를 다르게 하면 어떨까? 순서나 배치를 달리하면 어떨지를 생각한다. 거꾸로 하거나 역할을 바꾸거나 순서를 바꾸는 방법, 원인과 결과를 바꾸는 등의 방법이 있다.	뒤집어쓰는 마요네즈, 정수기

이와 같이 체크리스트법은 질문에 따라 주어진 형태를 시각적으로 변형함으로서 색다른 창의적 요소를 발견할 수 있게 한다. 그러나 필요없는 리스트를 체크하면서 시간을 낭비하거나 체크리스트에 한정됨으로써 문제해결에 필요한 새로운 것들을 간과할 수도 있으며, 이 방법에 너무 의지하면 자기 자신의 생각을 하지 않음으로서 자유로운 상상을 지양할 수 있다.

따라서 체크리스트법은 새로운 발견에 대한 폭넓은 접근을 위한 방법으로 사용하는 것이지 아이디어를 얻을 수 있는 유일한 방법, 완벽한 방법이 아니라는 것을 유념하고 스스로 적절하게 체크해 나갈 수 있도록 해야 한다.

3. 헤어아트의 작업과정

실제로 헤어아트의 작품과정인 디자인 구상 및 발상법, 헤어스케치, 예비조형물제작, 조형작품을 제작하는 순서를 살펴봄으로써 작품을 완성시키는 과정을 알아본다.

1. 조형적 헤어아트 제작과정

(1) 헤어아트 디자인 구상 및 발상법

조명과 둥근 원형의 지구본과 같은 조형과 파도가 치는 모습의 조형물에서 디자인 발상법의 시네틱스(Synectics)의 상징유추(Symbolicanalogy) 방법을 이용하여 디자인을 구상해본다.

(2) 헤어아트 스케치

첫 번째 디자인은 두상에 파도와 둥근 조형을 상징유추하여 스케치를 하였다. 여러 번의 시행착오 끝에 두 번째 그림의 디자인을 완성하였다.

(3) 도면제작 및 예비조형물 제작

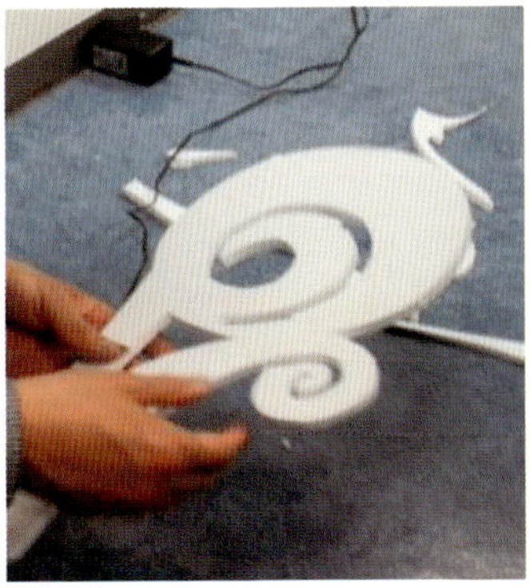

스케치를 확대하여 도면을 그린 후 스티로폼에 절단 기계를 이용하여 썬틴지를 자르는 작업을 한다. 이렇게 최종 완성된 스티로폼 조형물을 가지고 FRP(유리 및 카본섬유로 강화된 플라스틱계 복합재료)공장을 방문한다.

(4) 조형물 제작

스티로폼과 석고를 이용하여 본을 뜰 틀을 제작한다. 석고 틀에서 FRP를 이용하여 작품을 제작한 후 작품의 칠을 위해 매끄럽게 사포작업을 한다.

(5) 완성된 작품

작품에 검정색의 칠을 한 후 광택을 입히는 작업과정을 거쳐서 완성된 작품

2. 모발을 이용한 제작과정

(1) 모발을 이용한 헤어아트작품에 필요한 소재와 용구[76)]

① 머리카락
② 스프레이 : 머리카락 표면에 광책을 준다.
③ 201 목재용본드 : 머리카락이 면이 되도록 접착시킨다.
④ 코팅 판넬: 머리카락이 평편한 모양이 되도록 받침대 역할을 한다.
⑤ 아이론 : 재단된 피스를 원하는 형태로 잡아준다.
⑥ 드라이
⑦ 실리콘과 글루건 : 글루건에 실리콘을 끼워 각 피스들을 붙여주는 역할
⑧ 가위 : 건조된 피스를 재단하는 역할
⑨ 꽃꽂이용 테잎과 철사: 철사는 인공줄기로 사용되고 테잎은 그 철사를 감싸준다.
⑩ 염색볼
⑪ 브러시

⑫ 꼬리빗
⑬ 섬유용 염료
⑭ 소금, 식초

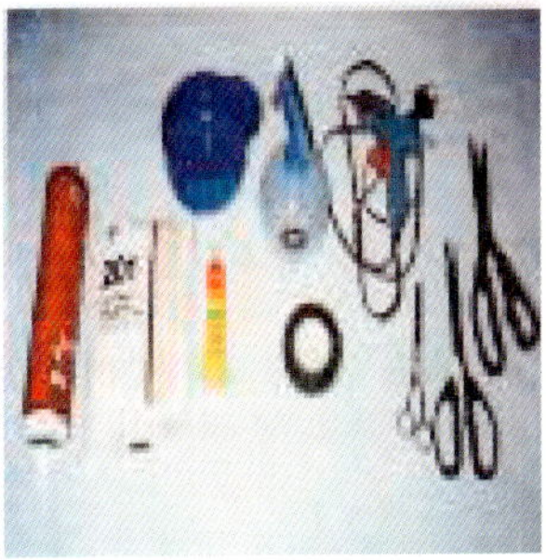  

(2) 모발을 이용한 헤어아트 제작 방법 및 과정[77)]

① 탈색 후 염색해 모양 만든다.

② 머리카락으로 용품을 만드는 방법은 우선 머리카락 5백여 개씩을 묶어 본드로 끝부분을 고정시킨다. 움켜쥐면 볼펜두께만한데 이것을 피스라고 한다. 길이는 보통 10~30cm쯤인데 한 작품을 만들기 위해서는 30~40개의 피스가 필요하다.

③ 피스가 만들어지면 염색을 하기전에 먼저 탈색을 해야 한다. 탈색이 얼마나 잘 되느냐에 따라 색생이 좌우되기 때문에 약품의 농도와 시간을 잘 맞춰야 한다. 퍼머약에 약 15분 담가두었다가 말린 다음 탈색제에 담그면 검은 빛이 빠지고 누르스름한 빛을 띤다.

④ 탈색된 피스를 갖가지 염색제로 물을 들여 촘촘한 빗으로 빗어내리며 드라이로 말린다. 이때 스프레이로 고정을 시키고 아이롱이라는 기계로 원하는 모양을 만든다. 고데를 하는 원리다.

• 목련꽃의 작업방법

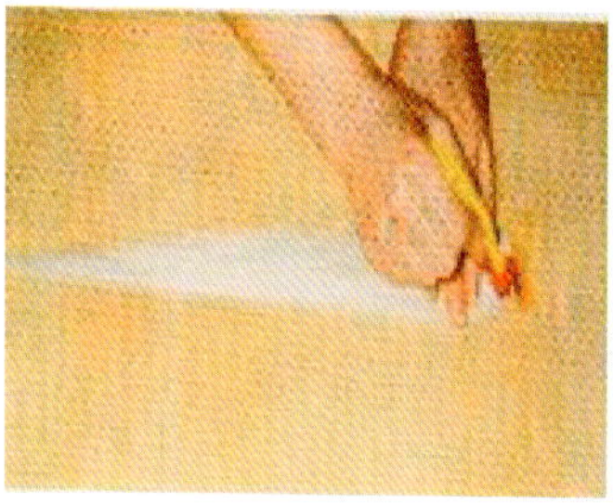

a.

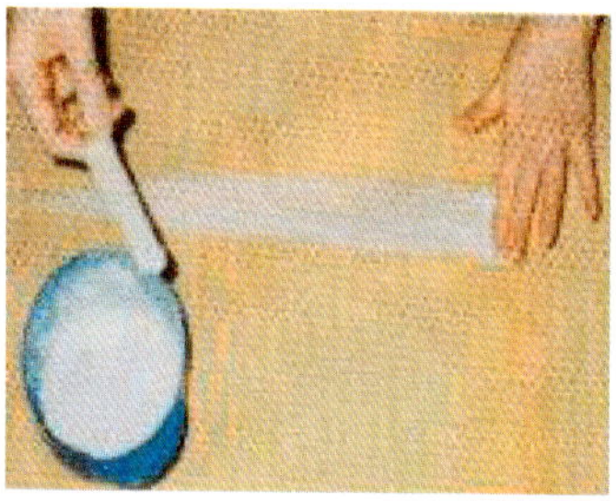

b.

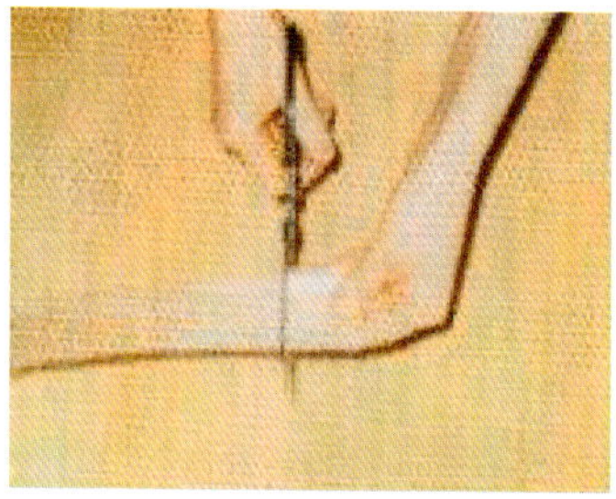

c.

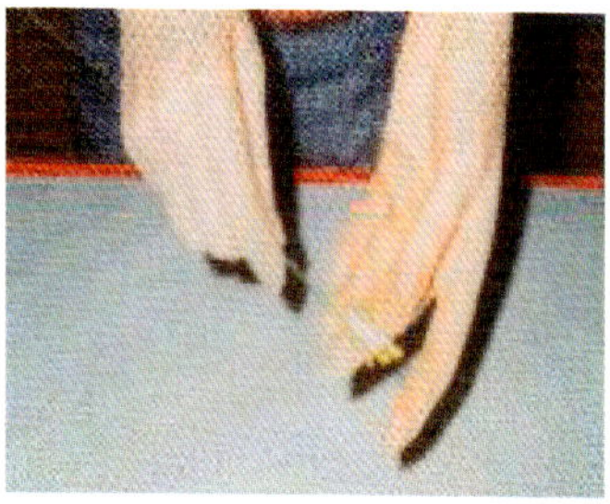

d.

e.

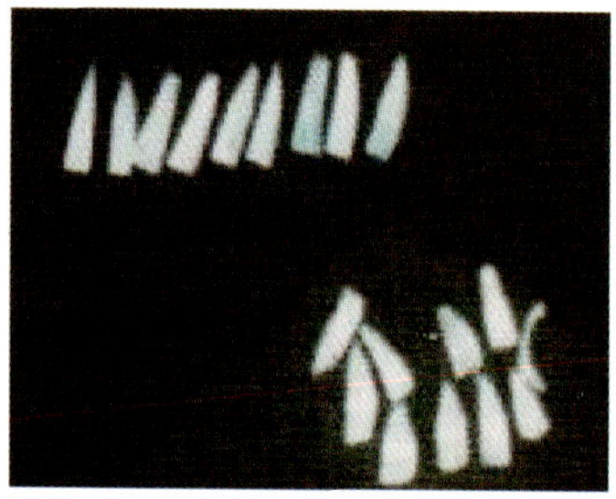

f.

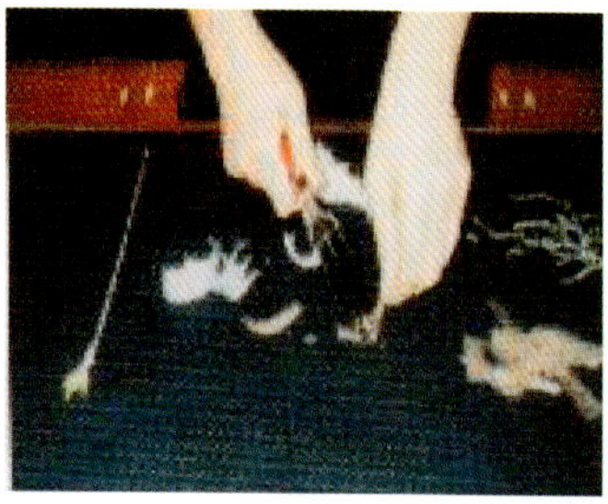

g.

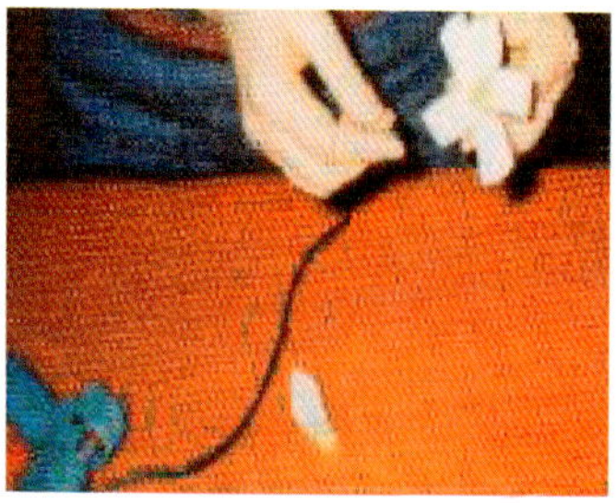

h.

i.

a. 염색된 머리카락을 모근 부분에 접착용 본드로 고정시켜 건조시킨다.

b. 판넬 위에 놓인 칼라링된 머리카락을 넓게 일자형으로 펴서 본드를 얇게 바른다.

c. 1시간 후 피스가 마른 후 필요한 모양으로 다듬어 소재를 정리한다.

d. 꽃꽂이용 철사에 꽃심을 감고 고정시킨다.

e. 철심에 같은색 테잎을 감고 중심부를 완성한다.

f. 재단되 피스를 원하는 모양의 크키로 절단한다.

g. 크거나 작은 꽃피스를 아이론으로 모양을 잡는다.
h. 실리콘이 칠해진 철사를 중심으로 꽃모양을 만든다.
i. 여러송이의 꽃을 조화롭게 배치하여 작품을 완성한다.

• 진달래의 작업방법

a.

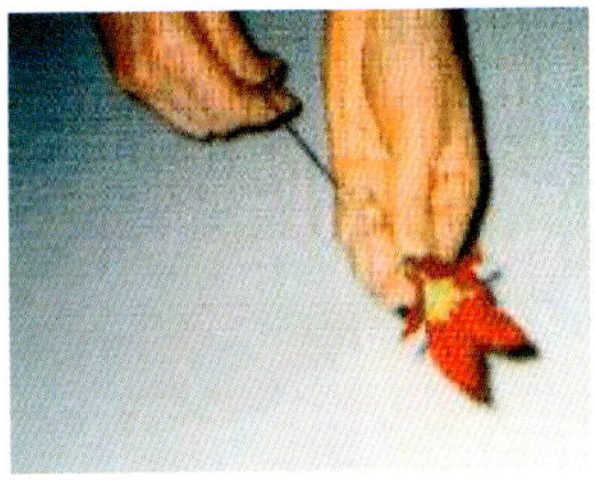
b.

c.

a. 염색된 머리카락을 매직드라이어로 선을 가지런히 하여 배례와 균형에 맞게 준비한다.
b. 컬러에 따라서 소재의 초점을 맞추고 시각구성의 포인트를 중요시한다.
c. 선, 줄기 등 질감의 흐름을 자연스럽게 완성하여 표현한다.

• 가을 잠자리의 작업방법

a.

b.

c.

a. 잠자리 만들 소재 피스를 강하게 균형을 잡아 준비한다.
b. 준비한 판넬에 본드를 바르고 가을하늘의 황금물결 시각구성을 적절하게 배치한다.
C. 머릿결의 흐름으로 제작한 잠자리와 꽃잎 등을 입체감 있게 구성하여 완성한다.

Chapter 4 디자인 요소별 작품

1. 선에 의한 헤어아트 작품

선(線)의 사전적(辭典的) 의미를 보면 '그어 금이나 줄로 가늘며 길게 뻗은 모양인 것', '길이만 있고 폭과 두께가 없는 것'[78]이라고 정의되어 있다. 수학에서는 폭과 두께가 없는 것을 선으로 정의하지만 미술이나 예술에 있어서는 보이는 것을 전제로 하기 때문에 폭과 두께 윤곽을 모두 한 가지로 묶어서 보는 측면이 있으며 하나의 의미로 정의해야 한다.

간딘스키에 의하면, 선은 점이 움직임에 의해 생겨난 것이며, 선은 기하학적으로 볼 때 눈에 보이지 않는 본질적인 점의 움직임에 의해 생겨난 소산이고 운동으로 새기는 점은 그 자체로 간직하고 있는 완전한 정지를 파과함으로써, 여기서는 정적인 것에서 동적인 것으로의 비약이 있다.[79]

예술가에게 있어서 선은 표현을 나타낼 수 있는 풍부한 수단이 자립적으로 시작대상의 형태를 표현하는 윤곽의 의미의 이중기능을 가지고 있다고 할 수 있다. 헤어아트에서 선의 개념은 단순한 사물의 형태를 재현하고 감정의 의미와 메시지를 담아내어 내적 미를 승화시키는 의미로 보아야 할 것이다. 다음은 선으로 이루어진 작품들로 꾸며보았다.

전성준(2011)-이性의 숲[80]

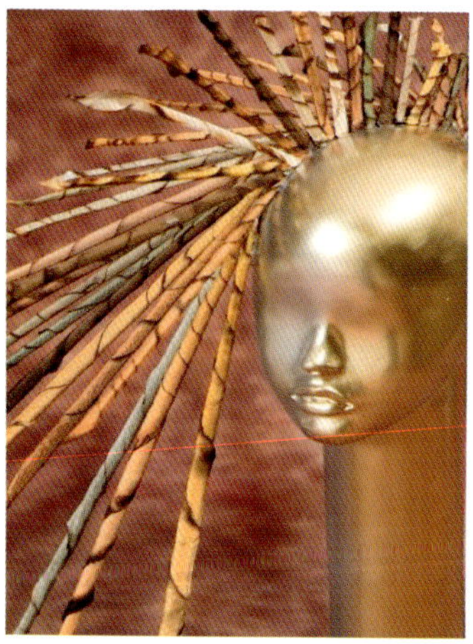

김정현(2007)-창포이슬[81]

이은주(2005)-Tributaries[82]

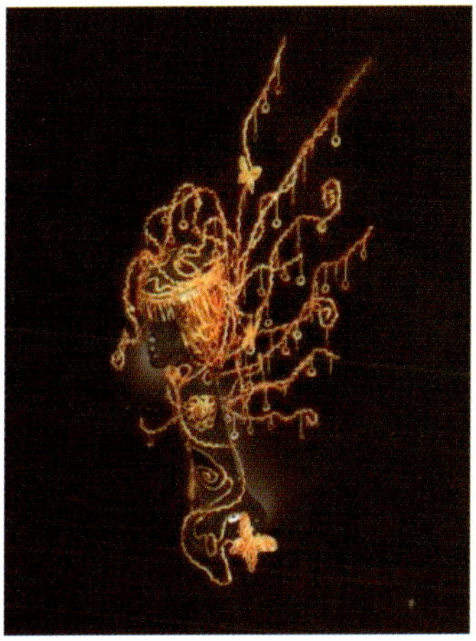

김관옥(2006)-빛의 하모니 83)

오세옥(2007)-탄생 84)

이영준(2007)
Singing in the Rain 85)

김정현(2008)-햇귀 86)

서화순(2008)-인간의 내면표현 87)

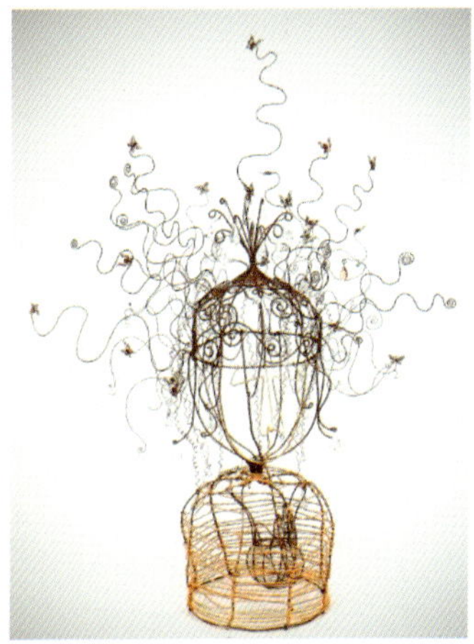

이경희(2008)-환상 88)

이옥현(2010)-여신 89)

박주연(2010)-도취 90)

김슬기(2010)-듣고 있어 91)

전혜민(2009)–사막의 꿈 92)

함정란(2008)–셀렘 93)

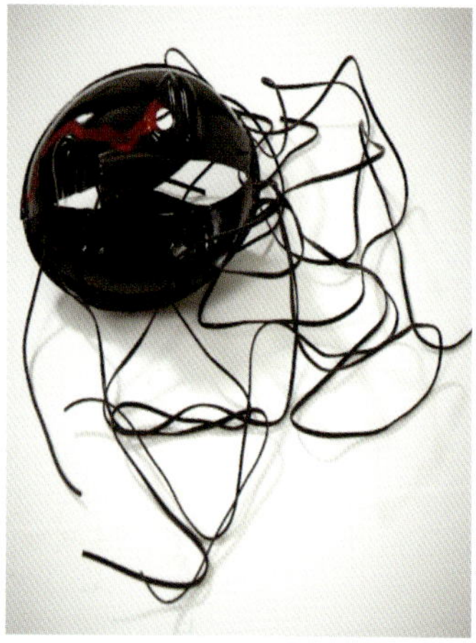
이규태(2008)–현대인의 비탄 94)

윤아람(2007)–움직임 95)

천안연암대학(2012)–곡선 96)

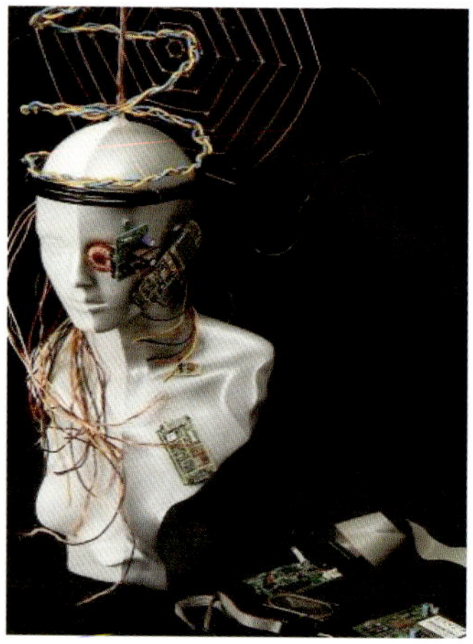
강무선(2005)–Cyborg 97)

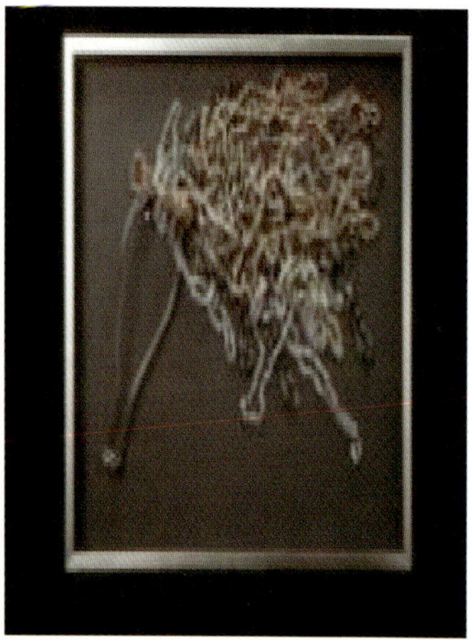
한지연(2005)–Sand 98)

지경숙(2006)–고뇌 99)

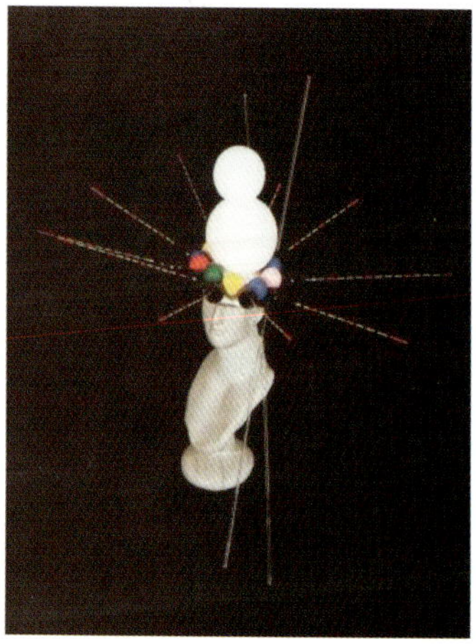
진병운(2006)–Dream 100)

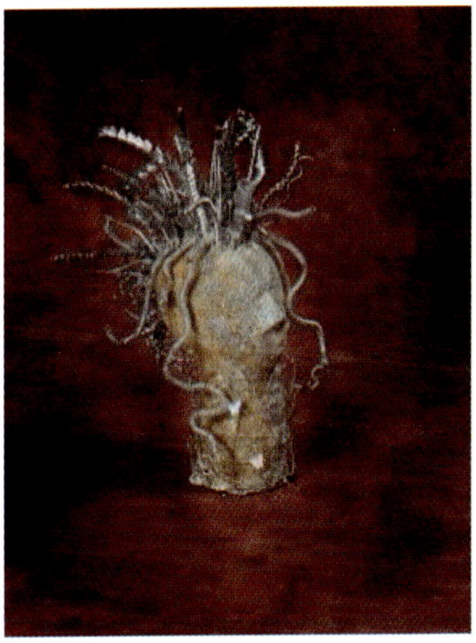

김경숙(2007)-미래로 탈출[101]

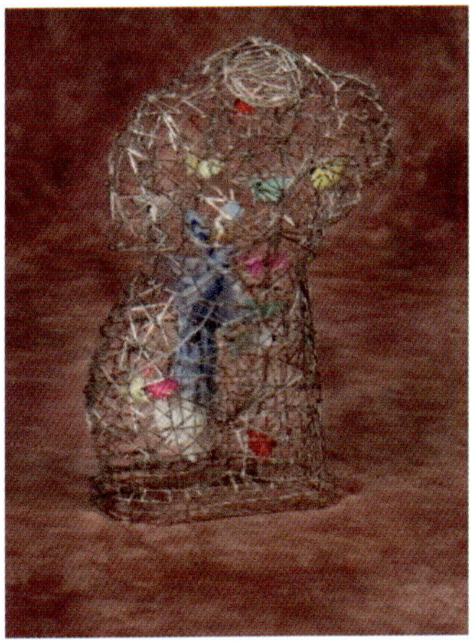

김 환(2007)-피그말리온의 꿈[102]

김은실(2007)-샹들리에[103]

2. 형태에 의한 헤어아트 작품 (사각, 삼각, 타원 등)

삼각형의 사전적 표현은 '서로 맞닿은 세 개의 직선으로 싸인 평면의 부분 다각형 중에서 가장 간단하고 기초적인 것으로, 기하학적 성격이 매우 풍부한 도형'[104]으로 정의된다.

간단한 기하학적 형태로 3가지 전형적인 각과 3개의 사선에서 교차로 둘러싸인 공간에서 형태가 구성되는데 그것은 직각, 예각, 둔각이다.

직각은 차가운 느낌이 강하며 사각형의 평면을 네 등분으로 균등하게 분할할 수 있다.

예각은 투쟁적이고 침략적 효과를 지니게끔 하고, 둔각은 예각보다 긴장감이 떨어지며 면을 차지하려는 성향이 커져 평면적인 느낌이 강해진다. 예컨대 능형, 사다리꼴, 지그재그 및 그것들로부터 파생되는 형태와 같이 사선을 특징으로 한 모든 형태는 삼각형에 동화된다.[105]

사각형의 사전적 정의를 살펴보면 '네 개의 꼭지각을 이루고 네 개의 선분으로 에워싸인 평면도형'[106]이라고 할 수 있다.

사각형은 각과 변에 따라서 사다리꼴, 평행사변형, 직사각형, 마름모, 정사각형 등으로 나뉜다.

사각형이 가진 네 각은 다양한 형태로의 변화를 가능하게 하였고 조형 분야에서 흥미로운 형태를 낳았다.

사각형은 수평, 수직의 네 개 직선이 각각 존재하면서도 하나의 완성된 개체를 완성하기 위해 지탱해 주는 버팀목 역할을 한다. 또한 입방체에서는 사각형이 네 개의 면 중 어느 한 면이라도 제 역할을 하지 못하면 형태를 유지할 수 없게 된다. 특히 조화의 원리가 중시되는 조형인 것이다.

정사각형은 네 각이 모두 직각이고 등변이 서로 직각으로 교차하여 침착함, 무게감, 폐쇄성을 나타낸다. 또 수직성과 수평선의 교차에서는 현저한 긴장감마저 느껴진다. 직사각형 중에서 수직으로 길게 뻗은 사각형은 형상에서 '자유' 를 향한 더 많은 가능성을 느끼게 한다.

반면에 양쪽 변의 길이가 짧아지면 자유로운 느낌은 다시 억제되어 외부로부터 압력을 받는 듯한 인상을 준다. 원의 사전적 정의를 보면 '한 평면 위의 정점으로부터 같은 거리에 있는 점의 궤적 및 그 궤적에 둘러싸인 도형' 이라고 할 수 있다.[107)]

원은 삼각형, 사각형과 함께 도형의 기본을 이룬다. 그리고 중심의 한 점으로부터 받쳐진 힘이 사방으로 균등하게 작용하기 때문에 순환성, 안정성, 합리성, 정확성 등의 느낌을 주며, 통일성과 운동성의 기본이 되기도 한다. 동양문화권에서는 원이 별을 나타내는 도형으로 오래전부터 무한과 완전의 의미와 음양의 의미를 나타내기도 한다. 심리적으로는 긍정적이고 명료하며 자유롭고 정연한 느낌을 준다.[108)]

이러한 장점이 두상의 둥근면과 유사하여 헤어아트 작품을 구상할 때 쉽게 접근할 수 있고 관람객에게도 친근감과 안정감을 줄 수 있어 다양한 작품을 만들어 내는데 많은 영감을 준다.

다음은 형태로 이루어지는 작품들이다.

김동표(2005)-third eye [109]

김서희(2005)-窓戶 [110]

박제희(2005)-Honey Comb [111]

신현영(2011)-현대인의 번뇌 [112]

박미정(2011)-와이라라파 [113]

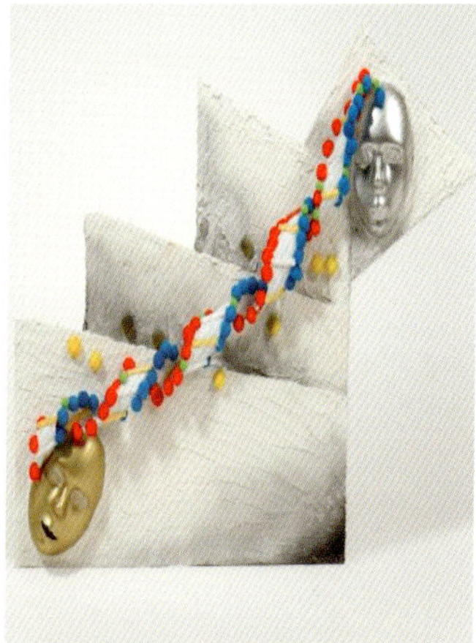
김아름(2008)-Genome [114]

이지숙(2005)
ART-Circle of circle inside [115]

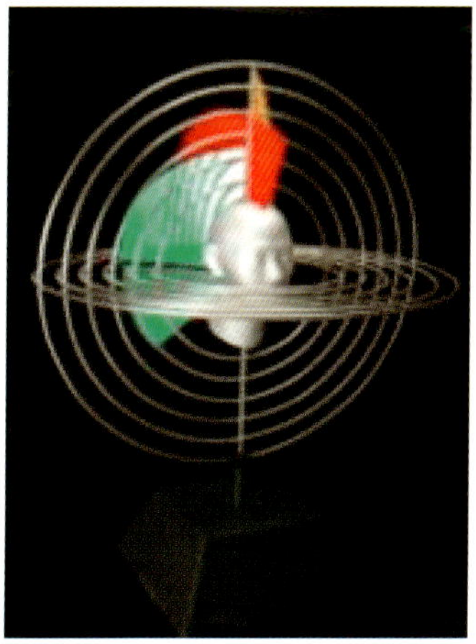
이진옥(2005)
Hair&Celestial axis [116]

김서희(2006)-기와 [117]

김옥준(2006)-시간 [118]

박제희(2006)-Passion [119]

이혜영(2006)-이성과 감성의 혼돈 [120]

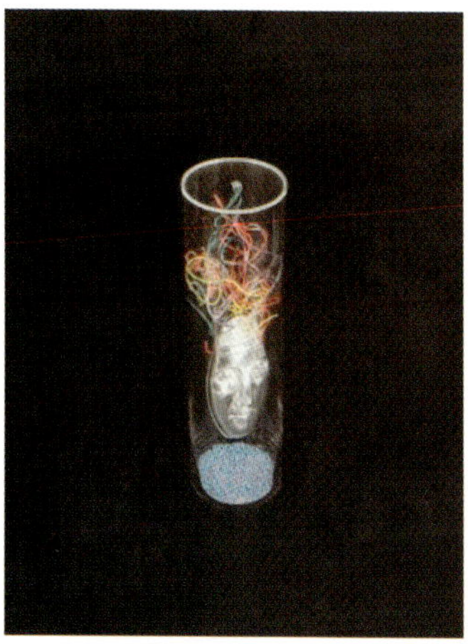

지정훈(2006)-苦惱 [121]

허창호(2006)-starting [122]

김진선(2010)-잭슨폴록 [123]

양은아(2007)-비상 [124]

오경헌(2007)
헤어아트가 탄생하는 순간 [125]

우수정(2007)-아르미스상 [126]

권기형(2010)-Interface 127)

석유나(2008)-Light 128)

이명화(2008)
음과 양의 공간의 창조 129)

박선민(2010)-harmony 130)

이언주(2009)-나르키소스 131)

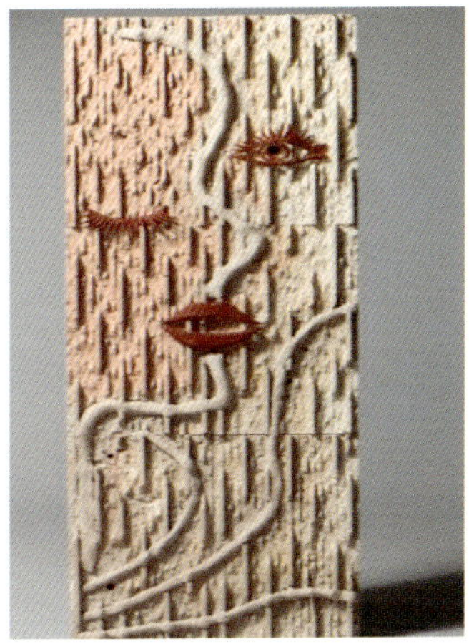

홍서영(2010)-내면의 낮과 밤 132)

서예지(2010)
overflowing with thoughts 133)

천안연암대학(2012)-사각 134)

천안연암대학(2012)-삼각 135)

3. 색채에 의한 헤어아트 작품 (톤, 배색 등)

톤(tone)은 원래 음성의 음색이나 높낮이 등을 가리키는 음악에서 온 말이다. 음악에서 톤은 들어보면 부드럽고 강하고 약하고 등 감성이 실린 음조를 말한다. 그리고 몸의 상태나 어떤 사물의 물리적 상태를 말하기도 한다. 색에서 톤은 명도와 채도를 함께 나타내며 농담이나 색조를 말하는 것으로 미세한 색상의 조정과도 관계된다.

인간은 색상으로 성격을 결정하고 명도와 채도가 함께하는 색채의 뉘앙스(nuance) 즉, 톤으로 느낌과 강도를 결정하기 때문이다. 이처럼 톤을 중시하는 것은 색상에서 오는 어떤 성격보다는 톤에서 오는 강약감이 더욱 색채의 느낌을 잘 표현해 주기 때문이다.[136]

색상(color)을 제외한 명도와 채도를 합친 개념으로 흔히 무채색이라 함은 색의 3속성 중 명도만을 지닌 색채의 개념을 말한다. 최근에는 명도와 채도를 포함한 복합적인 개념이 활용된다. 이것이 바로 톤(tone)으로 디자이너는 이 톤의 속성을 이용하여 색상과 함께 2가지 요소만으로 보다 편리하게 색채계획을 할 수 있으며, 디자이너가 원하는 이미지를 쉽게 전달할 수 있다.[137]

톤의 정의를 살펴보면, 첫째, 한 색상에서 표현되는 다양한 뉘앙스와 어떤 것의 질(質) 혹은 분위기(quality or mood)라 할 수 있는 표현의 특정한 한 방식이다.[138]

둘째, Random House Dictionary of the English Language(1967)에 의하면 검정색이나 흰색에 의해 조절가능한 순수한 색상, blue tone 이나 green tone 등 또 다른 색상에 의해 변화되는 한 색상, 그리고 회색에 의해 원래 색상의 선명도에 영향을 받아 약화된 색상 등 연계적인 '톤(Tone)' 에 대한 정의를 살펴볼 수 있다. 색채의 3속성 가운데서 명도와 채도의 복합적인 '색조' 를 의미하는 것이 톤이다.

정리하면 톤(tone)이라고 부르는 개념은 색상과 관계되지 않는다. 색채의 3속성 가운데서 명도와 채도의 복합적인 '색조' 를 의미하는 것이 톤이다. 그래서 톤은 색상과 채도의 복합적인 '색도' 와는 다르다.

그러므로 톤은 색이름을 색상과는 상관없이 구분하며, 일상적으로 명도와 채도에 관한 톤의 형용사를 통해서 색의 인상을 표현하고, '밝은, 탁한, 선명한' 등의 수식어를 사용한다. 이렇게 명도와 채도의 2속성에서 색상이 달라도 비교적 공통적인 인상을 주는 것을 톤(tone)이라고 한다. 배색의 개념은 두 가지 이상의 색을 조합하여 단독의 색으로는 나타낼 수 없는 효과를 얻는 것을 배색이라고 한다.[139)]

개개의 색채가 삼속성의 차이에 따라 본질적으로 성격 변화를 일으키는 데, 단색 아닌 두 개 이상의 색이 배치됐을 때, 상호간의 조화를 생각하게 되며 이러한 경우를 다루는 것이 바로 배색이다.

배색의 경우 색상, 명도, 채도의 조화를 기초로 해야 이루어지는 것으로 색채대비가 그 기초가 된다. 즉 3속성에 의해 조화가 이루어지며 일반적으로는 색상에 중점을 두고 조화를 고려한다. 색채조화에서 유사의 원리는 색상, 명도, 채도의 차이가 적을 경우의 범위 내에서 일어나며 유사한 것들 사이의 배색에는 같은 색상의 것도 생각될 수 있다.

동일색상과 유사색상의 배색은 온화하고 품위가 있어서 좋으나 색에 따라서는 쓸쓸하게 보이게 된다. 이러한 배색은 색채의 표정이 솔직히 나타나지만 그 일반적인 느낌은 색상의 공통성에서 일어나는 통일감을 주는 조화이다.

색상차가 적은 배색은 온화한 감정을 갖고 친근감과 융화성이 있으며 정다움을 갖고,[140)] 색상차가 큰 배색은 색상대비가 강조되기 때문에 화려함을 갖는다. 색상차가 극심한 보색배색은 시야경쟁을 일으켜 반짝임을 느끼게 하고 자극적이나 명도의 차를 더하면 부드러운 느낌으로 조절할 수 있다. 또 색상차가 중간 정도의 배색은 다소 융화적이며, 반발적인 자극과 감정에 있어서 중립적인 느낌을 가지며 색상차가 큰 배색과 비교할 때 다소 순한 느낌이다. 고채도 끼리의 배색은 자극적이고 눈에 쉽게 띄며 화려하다.

저채도의 배색은 탁성을 가져 침울과 평안, 휴식과 안정의 기분을 가지며, 동일한 채도일 때 고명도는 부드러운 느낌을 가져 밝고 온화한 분위기를 자아내며, 반대로 저명도는 탁하고 어두운 느낌을 갖는다.[141)] 그러나 헤어아트의 작품에서는 고체도 끼리의 작품은 많이 볼 수 있으나 저채도의 작품은 아직까지 미흡한 편이다.

다음은 색채에 의한 작품들이다.

천안연암대학(2012)-파랑새 142)

천안연암대학(2012)-봄 143)

천안연암대학(2012)-인어공주 144)

김진숙 헤어아트 145)

김진숙 헤어아트 146)

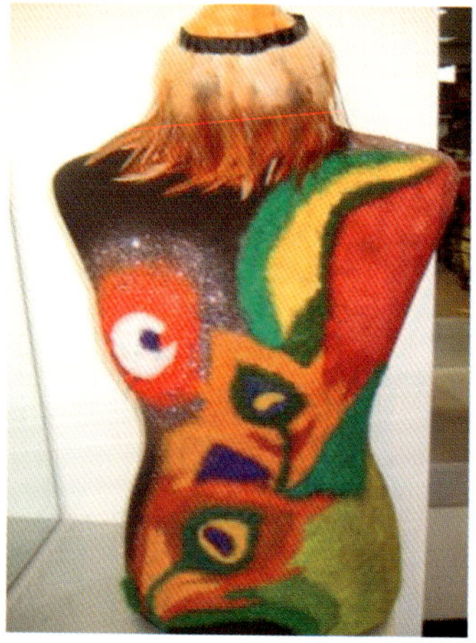

영산대학교 학생작품 147)

이혜진(2010)-Fusion Deco 148)

장연희(2011)-The Harmony 149)

김별님(2011)-유리가면 150)

4. 소재에 의한 헤어아트 작품

1. 유 리

유리는 특유의 투광성, 다양하고 임의로운 색채의 발현성, 용이한 성형성, 비교적 큰 경도와 불투수성, 재생성 등을 지닌 물질이다.[151] 고열에서 신축적으로 변형이 가능하며, 빛을 투과 반사한다. 또한 다양한 색과 질감을 표현할 수 있어 일상생활에 쓰이는 기능적 공예뿐만 아니라 예술품의 소재로도 널이 사용되고 있다.

1990년대 경제의 활성화와 미술시장의 확대가 이루어지고 예술적 가치를 새롭게 인정받기 시작하면서 유리가 장식물에 응용되면서 유리예술이 순수예술로 발전되었다. 또한 각 분야의 작가들의 풍부한 상상력과 창조력을 담아내어 표현함으로써 예술작품들의 다양성과 재료들의 결합이 양적, 질적으로 다양화 되었다.

제작방식, 표현방식이 산업적이고 기계적인 제작과는 달리 제작자의 개성, 인간정서, 표현성이 더 강조된 실용적이고 기능성, 개성적인 조형물의 제작이 늘어나면서 헤어아트 작품에서도 유리가 사용되었으며 작품도 다양해졌다.

다음은 유리로 만든 작품들이다.

이순희(2009)–Blaze [152]

이현주, 오량(2009)–ENERGY [153]

김슬기외 4명(2011)
Tow for One [154]

최은숙(2005)
The fantastic view in mirror [155]

이혜영(2007)-미래이탈 [156]

이현주(2008)-Trandsform [157]

이영준(2006)-Limpid [158]

박은준(2006)-미풍 [159]

류경아(2011)-건국대학교 [160]

안혜라(2011)-건국대학교 [161]

김정숙(2010)-드림 [162]

권혜지(2010)-내면의 연금술 [163]

김정숙(2009)-소망 [164)]

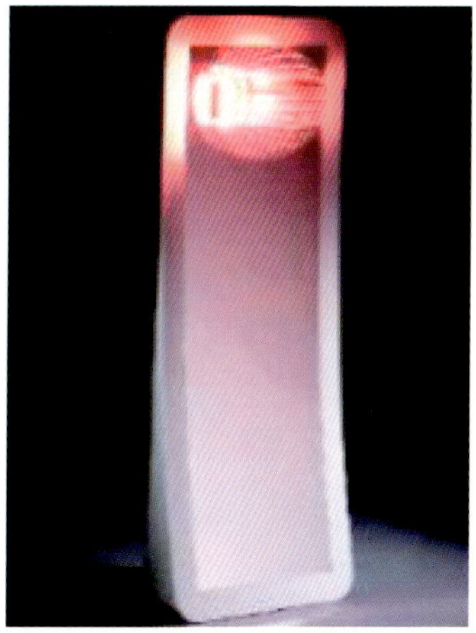

김태숙(2011)-자화상 [165)]

김우빈(2011)
레지스탕스, 그리고 반전 [166)]

2. 나 무

나무는 환경과 시간의 흐름에 따라 그 변화가 수없이 반복되면서 자연의 질서 속으로 생성 소멸해 가는 자연의 일부이다.

나무가 자라는 과정을 살펴보면, 두 가지의 관점에서 끊임없이 반복되는 자연의 법칙을 발견할 수 있다. 먼저 나무의 일대기적 관점으로 보면 작은 종자 하나에서 땅을 헤집고 싹을 띄우는 일에서부터 잎을 만들고 줄기를 키우고 뿌리를 키우고 꽃을 만들고 열매를 만드는 것까지 순차적인 단계를 거쳐야만 비로소 나무 일생의 과제를 끝내는 것이다.

나무는 자연의 미를 가지고 있다. 나무의 자연스러운 곡선과 직선의 조화로운 선의 묘미를 헤어아트에 접목한다면 새로운 헤어아트가 될 수 있다.

다음은 나무로 만든 헤어아트이다.

오미근(2007)–미래의 여유 [167]

허창호(2005)
STRETCH SPREAD [168]

이명화(2007)–자연과 사람의 만남 [169]

김명희(2007)–세월의 무게 [170]

김민정(2005)–Hatching [171]

이수미(2005)
hoped for an Autumn [172]

서윤경(2005)–Woman of Korea [173]

박성희(2008)–虛像 [174]

이수현(2010)–Desire Tree [175]

채선숙(2008)-여러 개의 원 176)

천안연암대학(2009)-학생작품 177)

김경숙(2010)-passoin 178)

이정란(2008)
끝도 시작도 없는 동그라미 179)

홍창미(2007)-생각 180)

박경아(2009)-헤어홀릭 181)

3. 금 속

금속은 지구상에 존재하는 100여 종의 원소 중에서 고체가 되었을 때 광택이 나고, 전기 및 열을 잘 전달하며, 판처럼 얇게 펼 수도 있고, 가는 실로 뽑을 수 있는 성질, 즉 전성(展性) 및 연성(延性)을 가진 홑원소 물질[182]을 말한다.

고대로부터 알려진 금속으로 금(gold), 은(silver), 동(copper), 주석(tin), 납(lead), 철(iron)과 수은(mercury)이 있는데[183], 견고하고 단단한 금속의 성질을 이용하여 헤어아트에서도 자유롭게 표현할 수 있다. 금속 소재의 견고성과 다양성을 헤어의 C컬과 S컬에 접목하여 헤어아트에 상상력을 더 할 수 있어 다양한 작품을 연출할 수 있다.

다음은 금속을 이용한 작품들이다.

김복환(2005)
The balance of power [184]

이미숙(2005)
Streching Imagination [185]

한성진(2005)–REDIANCE [186]

이현진(2005)-Economic Tree [187)]

안문경(2005)-飛上 [188)]

이진옥(2006)-공간 [189)]

손준석(2005)
Long neck Women [190)]

이경희(2008)-환상 [191)]

김송희(2009)-Kalos [192)]

최옥임(2009)-떠오르는 서경 [193)]

임지현(2010)-함께 [194)]

김정인(2005)
ART-Circle inside [195)]

강민아(2011)-새벽의 여신 196)

이윤현(2010)-이브의 유혹 197)

정민화(2010)
미니멀리즘의 비상 198)

김관옥(2010)-감념 199)

최옥임(2010)-권세와 사랑 200)

김동분(2010)-美의 상승 201)

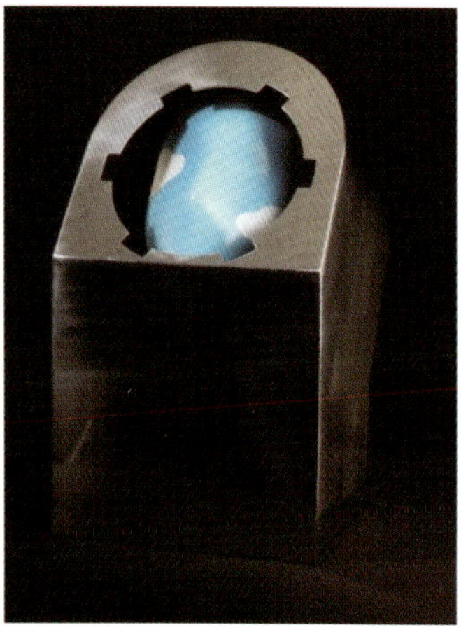

홍창미(2009)-공간속의 초현실 202)

양미숙(2010)
orging of styleing 203)

오별외 3명(2011)-Passion 204)

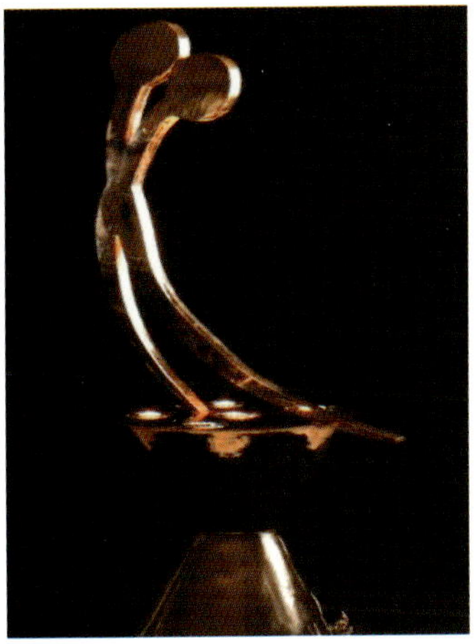

오순숙(2009)–HARMONG [205]

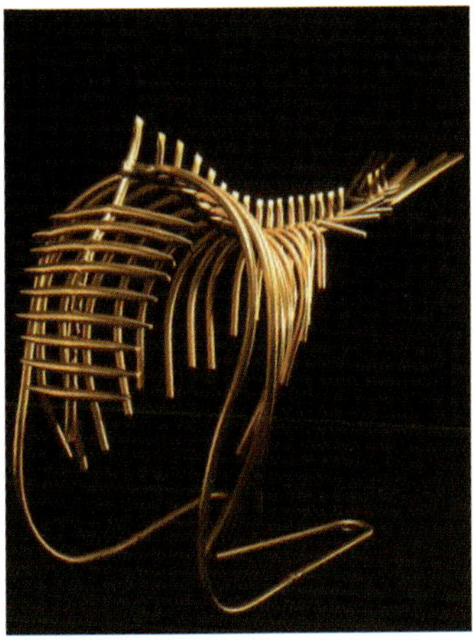

박미옥(2009)
인체 형상화의 모티브 [206]

이현진(2008)
Half a Dozen Cones [207]

4. 미용재료

헤어아트를 창작하고 표현하는 방법으로 미용재료(롯드, 가발, 핀셋, 롤 등)를 이용하여 표현할 수 있다. 사람에게만 사용하는 미용의 재료는 현실감과 천연성이 있어 헤어아트 작품을 연출하는데 소재의 다양성을 보여준다.

다음은 미용재료를 이용한 작품들이다.

김만태(2005)–ART–Circleinside [208]

백인화(2005)
Waiting for Something [209]

박상국(2005)–ART–Circle inside [210]

김환(2008)-아프라삭스 [211]

김다희(2010)-IN NATURE [212]

박선영(2010)-psychological test [213]

5. 조 명

조명은 빛을 인간생활에 유효하게 사용하는 기술이다. 태양광에 의한 채광인 주광조명(晝光照明)과 전등 등의 인공광원에 의한 인공조명이 있다.[214] 어두움과 밝음, 그리고 그림자를 적절하게 연출함으로 쾌적한 환경을 창출할 수 있으며, 헤어의 빛이 반사되어 연출하는 다양하고 오묘한 색감의 영용함을 최대한 작품에 담아 낼 수 있으며, 작품 또한 공간 활동에 도움이 될 수 있는 오묘함과 따뜻함의 두 가지 장점을 가지고 있다.

오량(2008)-Billiant Gyps [215]

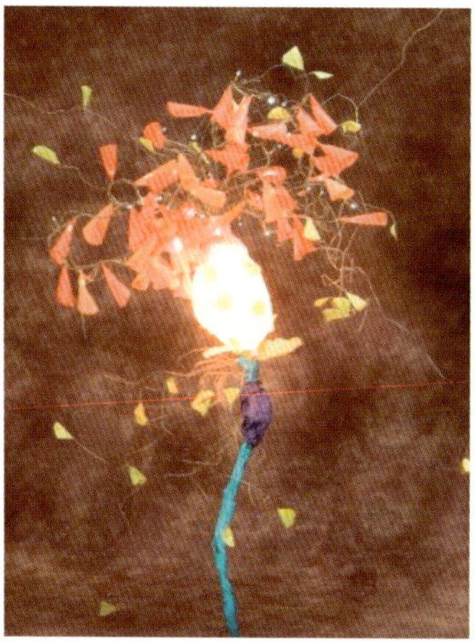

도진아(2007)-whisper [216]

박성희(2007)-回想 [217]

임지현(2011)–갈망 [218)]

김태숙, 공세미(2011)–왕관 [219)]

한가람(2011)–Internal Beauty [220)]

박선민(2007)
내면속의 화려한 외출 [221)]

장미여(2007)–빛의 축복 [222)]

정인복(2007)–빛나는 미래로 [223)]

지경숙(2007)–빛 [224)]

임영미(2008)–생명의 불꽃 [225)]

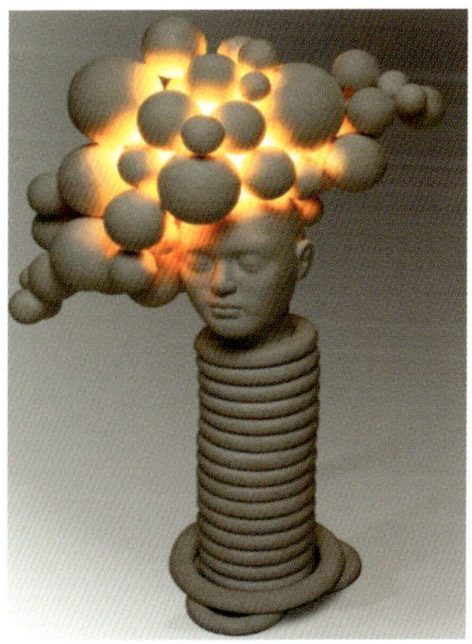

허선영(2008)–발광 [226)]

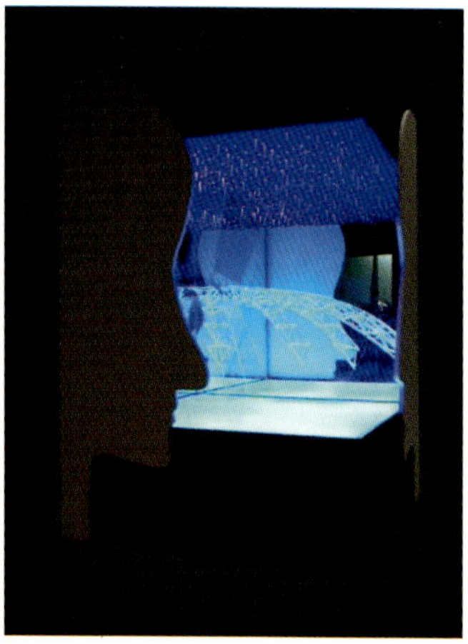

홍주영(2010)–Coexistance [227)]

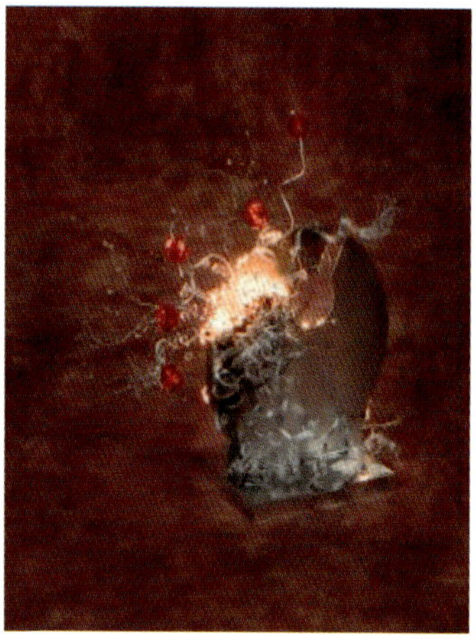

이경미(2007)–빛의 환희 [228)]

송다나(2010)
동과 서의 미의 융합 [229)]

5. 무늬에 의한 헤어아트 작품

무늬는 점 · 선 · 면 · 색의 구성 또는 그들의 질서있는 배열로 이루어지며 건축 · 회화 · 조각 · 공예 등 모든 분야에 걸친다. 그러나 무늬는 그것이 장식하는 피장식물(被裝飾物)에 대하여는 종적인 관계에 있으며, 비록 회화적 형상을 갖춘 경우에도 독립된 존재의의를 주장하지 않는다.

이 같은 무늬는 부적(符籍)과 같은 주술(呪術)부호, 권력과 존재 등을 상징하며, 이것과 저것을 분간하는 식별부호로서의 기능을 지니기도 하나 근본적으로는 '공백의 공포' 를 벗어나려는 본능적인 감정에서 출발하여, 아름다운 것을 추구하며, 아름다워지고자 하는 소망을 충족하려는 데 그 의의가 있다.

이 점에서 무늬는 제이의적(第二義的)인 것이 아닌 독자성과 가치를 지닌다.[230)] 같은 무늬의 반복성, 단순성, 단일성, 환원성으로 미니멀니즘(minimalism)의 특성을 갖고 있는데, 이는 헤어의 커트선에서 보여지고 원랭스(one length), 그라쥬에이션(graduation), 유니폼 레이어(unifrom layer)에서 보여지는 단순성, 반복성, 혼합성의 연속적인 방법의 무늬가 헤어아트의 작품으로 표현되었다. 다음은 무늬에 의한 헤어아트 작품들이다.

영산대 학생 작품 [231)]

임미지 외(2011)–인생의 석양 [232)]

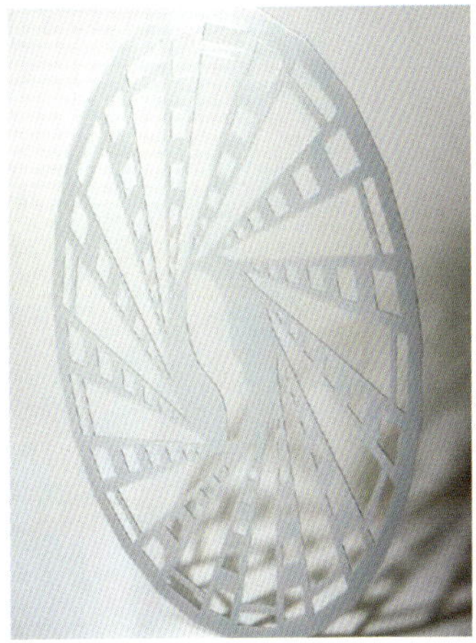

김혜영(2011)–자연[233)]

권기형(2008)–청초 [234)]

양미숙(2008)–Jongleuse [235)]

임미정 외 2명(2009)
New Trend [236)]

김혜영(2011)-생명 237)

김혜영(2011)-기도 238)

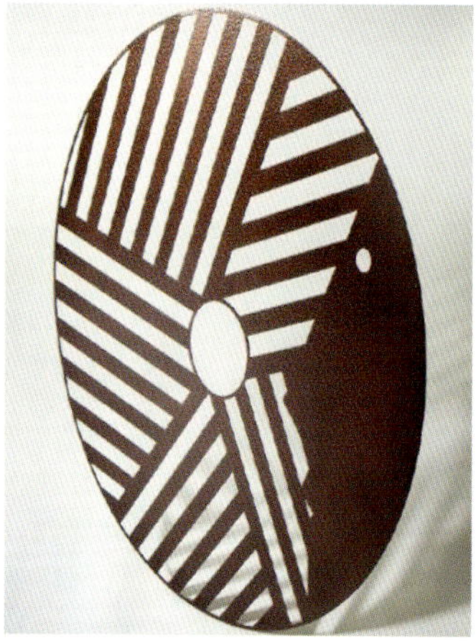

김혜영(2011)-부적 239)

김은혜(2009)-LOVE 240)

권기형(2007)-매혹 241)

이종순(2007)-Dream 242)

김혜영(2010)-영원 243)

권기형(2009)-혼 244)

이형숙(2010)-손짓 245)

6. 역사성에 의한 헤어아트 작품 (원시, 고대, 중세 등)

가면을 이용하여 원시시대부터 중세시대의 모습을 표현하고 마네킹과 석고상 위에 아트적으로 표현하였다. 다음은 역사성에 의한 헤어아트 작품들이다.

정의정(2007)-연속파장 [246)]

김연희(2011)-유혹 [247)]

이혜진(2011)-VICTORY [248)]

박련화(2011)-MUTATION [249)]

육정신(2011)-아르누보 [250)]

박정민(2010)
Temptation of Venus [251)]

임현순(2011)–로카이유 252)

양규실(2007)–문신 253)

박애순(2007)–꿈..홀로서기 254)

강진희(2011)–비상 255)

김용선(2011)–느낌과 생각 256)

최은숙(2011)–바로크 진주를 만나다 257)

심재숙(2011)–Nymph 258)

양규실(2007)–거울의 방 259)

유정은(2011)–공존 260)

최혜경(2011)–이중자아 [261]

박인용(2011)
Corrida de Toros [262]

양규실(2007)–만찬 [263]

7. 자연조형에 의한 헤어아트 작품 (식물, 동물 등)

인간과 자연으로 식물과, 동물에 의해 표현한 작품들이다. 식물의 잎과 줄기, 뿌리로 헤어의 자연스런 모습을 연출하였으며 자연미를 볼 수 있다. 다음은 자연조형에 의한 작품들이다.

박상용(2005)–MOVEMENT [264]

오경헌(2005)–FEMME FATALE [265]

우호순(2005)
As a lovely heart palpitation [266]

진병운(2005)-春香 267)

채선숙(2005)
단군일백오십대손 268)

김숙자(2007)-자원 269)

조병순(2005)
ART-Circle inside 270)

양태경(2006)-희망 271)

김다희(2009)-바람의 화원 272)

8. 생활용품 및 재활용품을 이용한 헤어아트 작품

일상생활에 사용하는 용품들이나 버려진 용품들을 재활용하여 작품으로 만든 헤어아트이다. 흔히 볼 수 있는 스트로폼, 타이어, 양초, 종이, 수저 등이 이용되어 다양한 표현이 가능하다. 다음은 생활용품 및 재활용품을 이용한 헤어아트 작품들이다.

오별(2010)-structure graphics [273)]

안채리(2010)-환영 [274)]

임미정(2008)-순결 [275)]

김명희(2008)-We Life [276)]

김명우(2008)-미니멀리즘 [277)]

김춘희(2008)-우주인의 황진이 [278)]

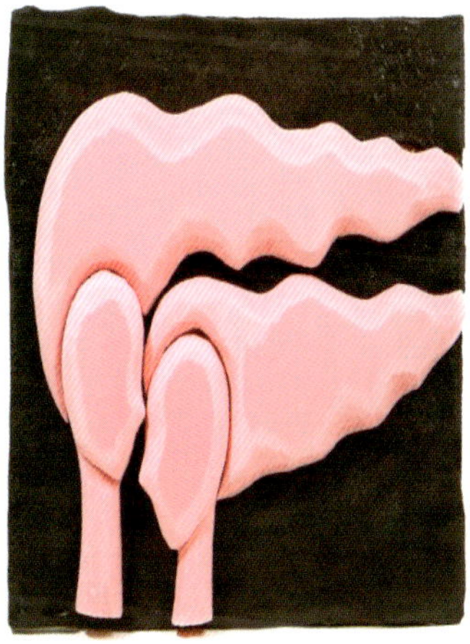
김혜영(2008)-감정-사랑 [279)]

이정란(2008)
끝도 시작도 없는 동그라미 [280)]

신임순(2008)-사하라 [281)]

9. 컴퓨터 그래픽을 이용한 헤어아트 작품

컴퓨터의 발전으로 세밀한 작업까지 가능하며 쉽게 변형이 가능하다. 작품 위에 추가로 이미지를 더할 수도 있으며 상상으로만 표현했던 것들을 실제적으로 표현가능이 가능하다.

다음은 컴퓨터 그래픽을 이용한 헤어아트 작품들이다.

박상국(2006)–즉흥 [282)]

이중민(2006)
Born from the circle [283)]

하희정(2006)–태엽 [284)]

박영옥(2007)–마술 [285)]

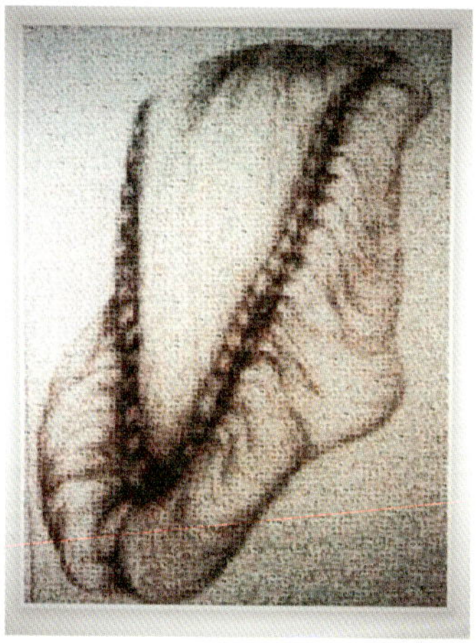

양은진(2008)–INSPIRATION [286)]

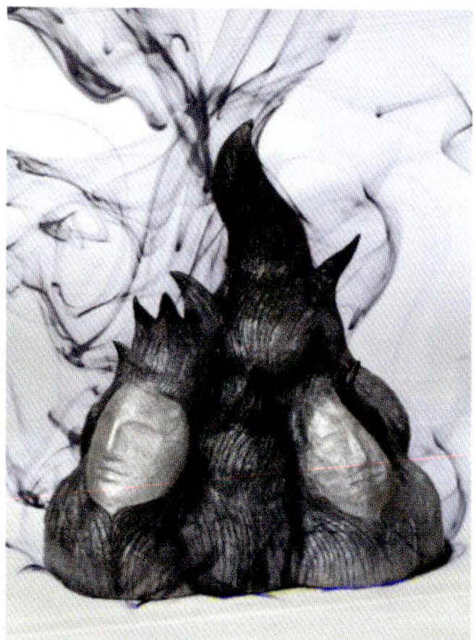

김시내(2010)–흐름 [287)]

정유심(2010)-profiler [288)]

양규실(2006)-Seeking face [289)]

박애순(2006)-허영 [290)]

Chapter 5

모발을 소재로 표현한 헤어아트 작품

1. 서경대학교 헤어아트 작품

이영주(2005)-WIND [291)]

배기연(2007)-자유 [292)]

진용미(2007)-THE PRESENT [293)]

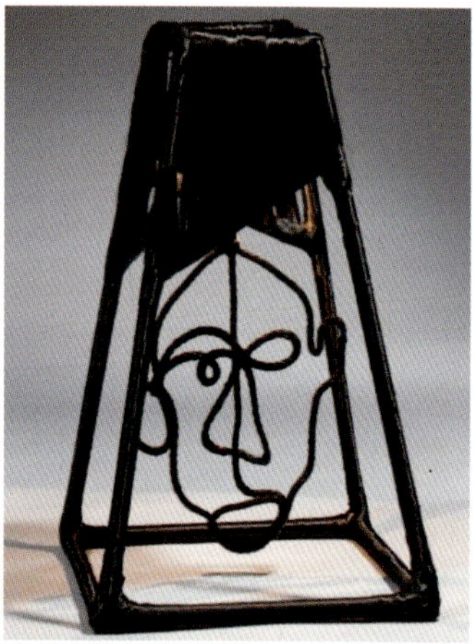

임미지(2010)-狀相 [294)]

김진아(2010)-하나 [295)]

박지선(2008)-매듭 [296)]

이복희(2007)–글로컬리즘 [297]

황동주(2011)–자연은 자유다 [298]

이경숙(2010)–큐비즘 [299]

2. 천안연암대학 뷰티아트과 헤어아트 작품

2008년에서 2010년 천안연암대학 뷰티아트과의 졸업작품 전시이다. 모발로 표현한 헤어아트로 볼 수 있으며, 2010년에는 모델을 이용하여 의상과 모발로 표현한 헤어장식을 볼 수 있다.

2010년 학생작품

2010년 학생작품

2010년 학생작품

2008년 학생작품

2008년 학생작품

2008년 학생작품

2008년 학생작품

2009년 학생작품

2009년 학생작품

2010년 학생작품

2010년 학생작품

2010년 학생작품

3. 김진숙 헤어아트 작품[300)]

초기의 헤어아트는 모델에 의해 실용적으로 머리 위에 장식 위주로 하였으며, 그림 위에 모발을 이용하여 면을 만들어서 입체적으로 형상하였다. 머리카락에 특유한 색을 입혀서 꽃의 모양으로 표현하였다.

김진숙 헤어아트

김진숙 헤어아트

김진숙 헤어아트

김진숙 헤어아트

김진숙 헤어아트

김진숙 헤어아트

김진숙 헤어아트

김진숙 헤어아트

김진숙 헤어아트

김진숙 헤어아트

김진숙 헤어아트

김진숙 헤어아트

김진숙 헤어아트

김진숙 헤어아트

김진숙 헤어아트

김진숙 헤어아트

김진숙 헤어아트

김진숙 헤어아트

김진숙 헤어아트

김진숙 헤어아트

김진숙 헤어아트

김진숙 헤어아트

김진숙 헤어아트

김진숙 헤어아트

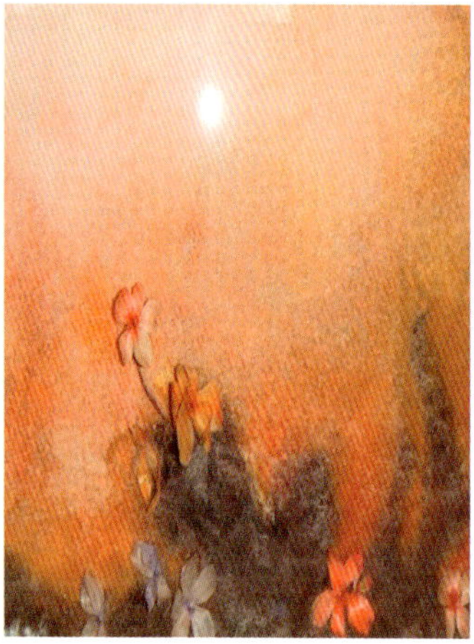

김진숙 헤어아트

김진숙 헤어아트

김진숙 헤어아트

김진숙 헤어아트

김진숙 헤어아트

김진숙 헤어아트

김진숙 헤어아트

김진숙 헤어아트

김진숙 헤어아트

김진숙 헤어아트

김진숙 헤어아트

김진숙 헤어아트

김진숙 헤어아트

김진숙 헤어아트

김진숙 헤어아트

김진숙 헤어아트

김진숙 헤어아트

김진숙 헤어아트

김진숙 헤어아트

김진숙 헤어아트

김진숙 헤어아트

미용에서 예술을 보다 - 꽃의 노래 (김진숙 헤어아트)[301)]

양귀비 (2012)

작약꽃 피는 꿈길을 걷다 (2012)

꽃비 (2012)

달과 그리움–코스모스 (2012)

달콤한 인생 (2012)

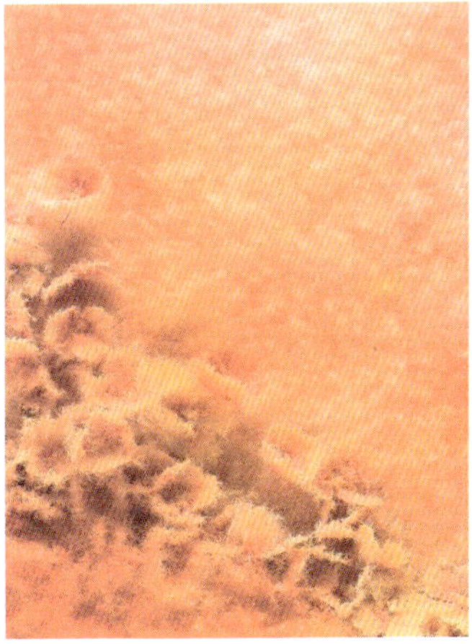

짙은사랑–채송화 (2012)

갈대 (2012)

가을처녀–쑥부랭이 (2012)

헤어코사지 (2012)

꽃비녀 (2012)

꽃귀꽂이 (2012)

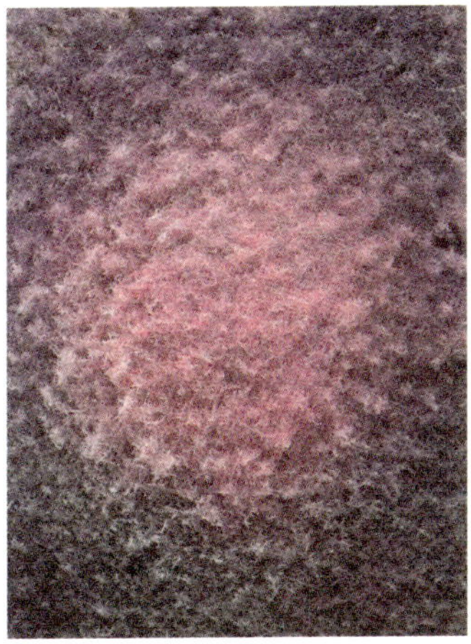

봄–순정 (2012)

여름-한 여름 밤의 꿈 (2012)

가을-만추 (2012)

겨울-눈 내리는 날 (2012)

너를 향해 (2012)

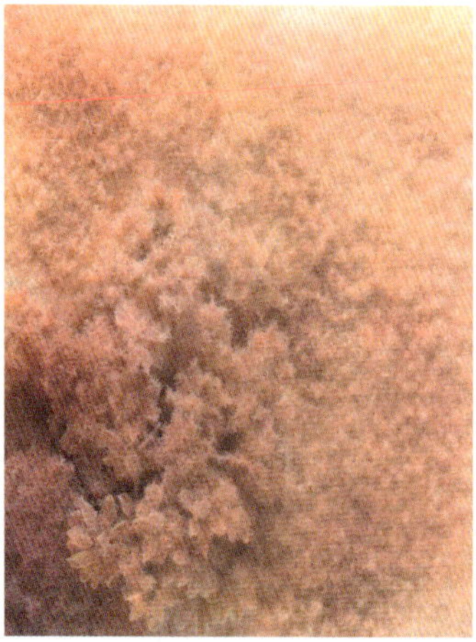

가을에 묻히다-가을국화 (2012)

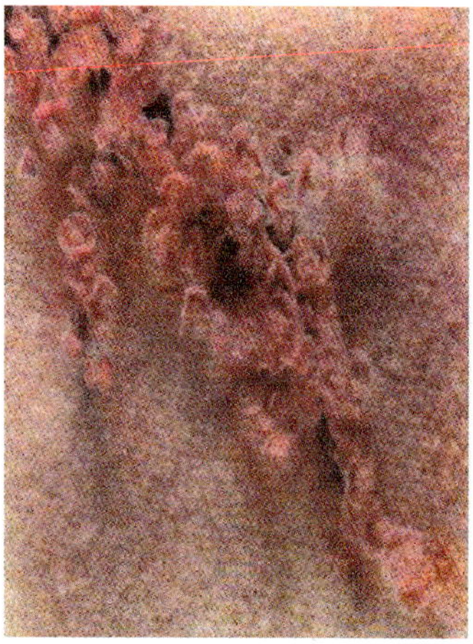

봄처녀 (2012)

4. 홍도화 헤어아트 작품[302)]

전시 작품은 캔버스에 아크릴 물감으로 그림을 그리고 그 위에 입체적인 작품을 묘사하기 위한 표현으로 검정 머리카락에 탈색제를 발라 멜라닌 색소를 파괴시킨 뒤 여러 가지 색상을 덧입혀 면을 겹겹이 이어가며 살아 움직이는 것 같은 동적인 입체형상을 확대하여 작품을 완성하였다.

홍도화 헤어아트

홍도화 헤어아트

홍도화 헤어아트

홍도화 헤어아트

홍도화 헤어아트

홍도화 헤어아트

홍도화 헤어아트

홍도화 헤어아트

홍도화 헤어아트

홍도화 헤어아트

홍도화 헤어아트

홍도화 헤어아트

홍도화 헤어아트

홍도화 헤어아트

홍도화 헤어아트

홍도화 헤어아트

홍도화 헤어아트

홍도화 헤어아트

홍도화 헤어아트

홍도화 헤어아트

홍도화 헤어아트

홍도화 헤어아트

홍도화 헤어아트

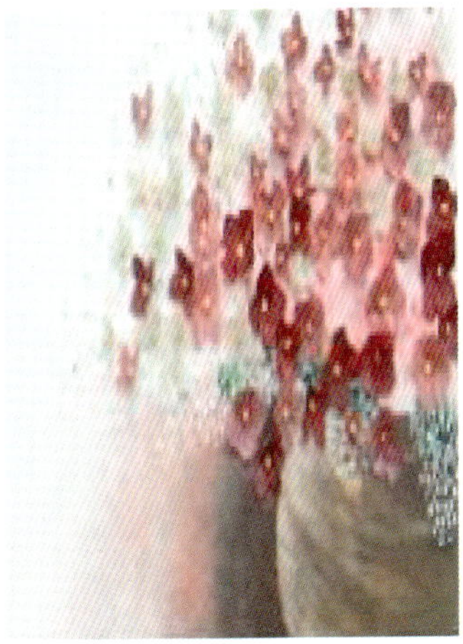

홍도화 헤어아트

5. 해외작가 헤어아트 작품

1. Adrienne Antonson

미국 시애틀의 아티스트 Adrienne Antonson는 머리카락과 접착제를 사용하여 작품을 표현하였다. 그녀의 작품의 최종 골격은 정서적인 장신구들의 모조품들(장갑, 안경, 멜방, 신발 등)을 모두 인간모발과 가닥으로 만들었다.

시애틀에서 열린 최신 쇼에서 Antonson의 최근 작품은 손으로 칠한 모발로 만든 곤충들이다. 그것들은 실재 크기이며 사람들에게는 실물로 보일 것이다. 작품은 곤충류의 실제와 모조품들의 혼합이 될 것이며 그리고 몽환적 곤충들이다.[303)]

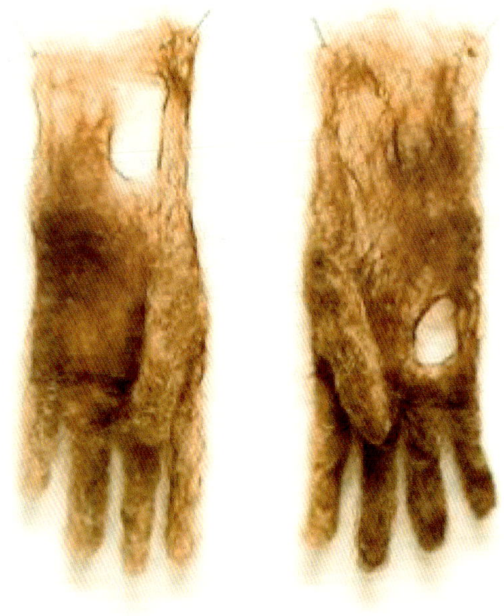

Adrienne Antonson Hand

Adrienne Antonson Insects[304)]

black dragonfly

black butterfly

yellow beetle

brown butterfly

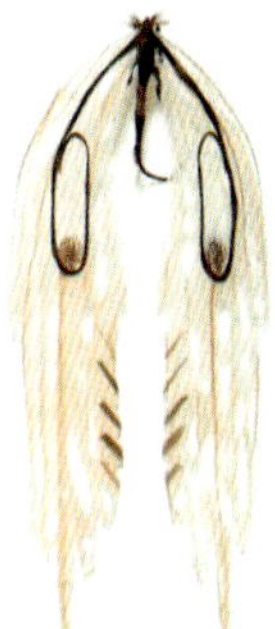

fancy black beetle

butterfly with giant wings

furry butterfly

green and red beetle

three flies

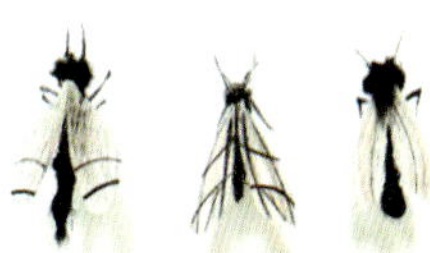

green mantis

transparent butterfly

white butterfly

2. Maria Gaspar

대부분의 Gaspar의 작품은 수성 칼라와 여러 종류의 알려진 것들(선인장, 사탕 봉지)로 된 연필을 이용하였지만 2007년 작품 "I have lived in Dreams"는 잉크젯 프린터로 복사된 찢어진 사진으로 충격적인 인간의 모발을 보여 주었다.

I have lived in Dreams (2007)

3. Jackson Sprague

Sprague의 작품 "Whistle Daughter Whistle"은 정결하다. 그리고 벽걸이용 트로피의 더 촉감적인 작품이다. 인조모발로 만든 가발은 리본과 헤어밴드로 묶어졌다.

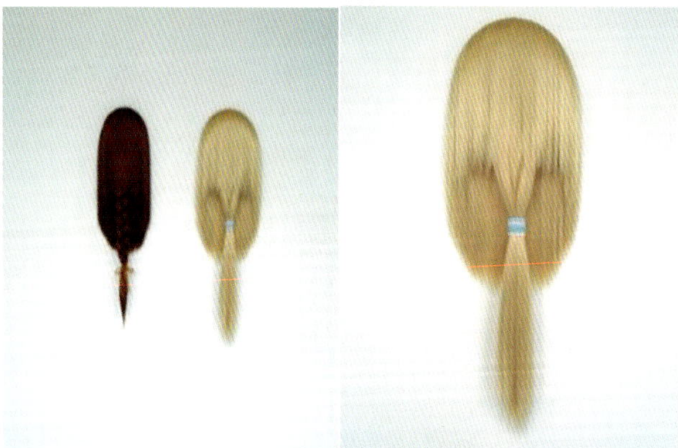

Whistle Daughter Whistle

4. Jonathan Adler

어떤 영역의 더 깜짝 놀랄 종결로 Jonathan Adler의 "Barbie hair chandelie" 이다. 이것은 2009년 Mattel회사 제품 실제크기의 "Malibu Dream House" 의 저속한 추가물이다.

Shelterpop는 우리에게 인형모발의 빛나는 정경작품에 더 많은 것을 추가하는데 지적을 했다. 그것은 Anika회사에서 디자인한 Frisa 마루램프를 더한 것이다.

Barbie Hair Chandelie (2009) [305]

Frisa

5. Try Cole

Try Cole의 작품에서는 동적인 피사체의 아름다움을 표현하였다. 특별히 움직이면서 사진을 찍을 때 아름답다.[306]

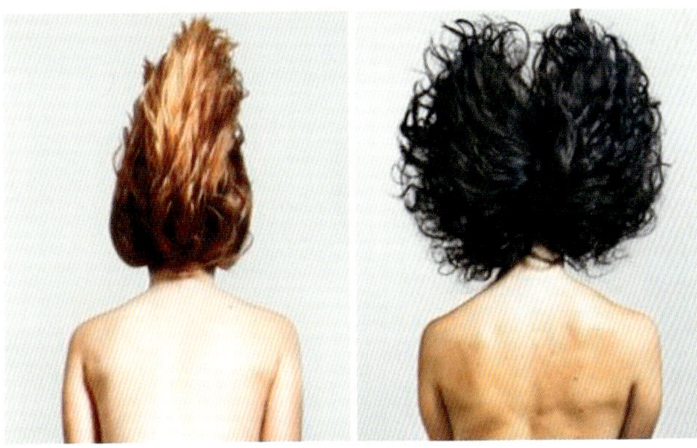

Try Cole

6. Winnie Truong [307)]

Winnie Truong은 뒤틀린 시각으로 사물을 재해석하는 성향을 지닌 작가로, 그녀의 연필 소묘에서는 모발의 매력과 두려움을 명백히 이해할 수 있다.

그녀의 섬세한 초상화는 우리들에게 사악한 해적, 가족의 불화, 근친상간의 내력을 지닌 사람들의 후미진 이야기들을 감상시키고 있다.

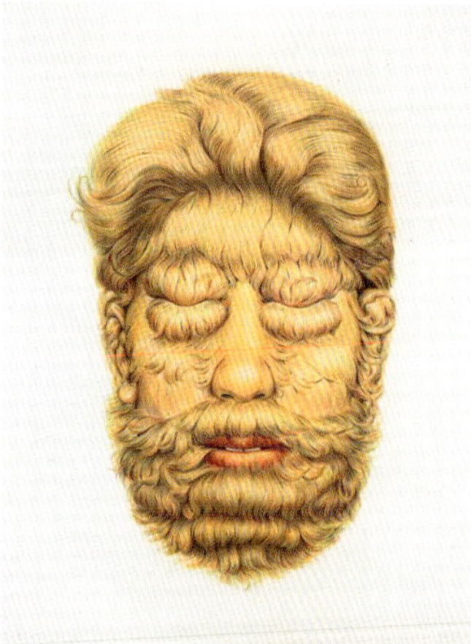

aquietplacetorest (2011)

A Soft Link Bresks The Chain (2011)

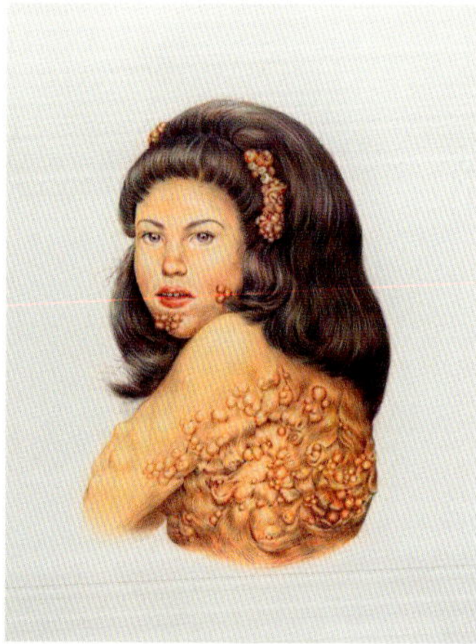

Bride Of Dede (2010)

Cleft Wing (2010)

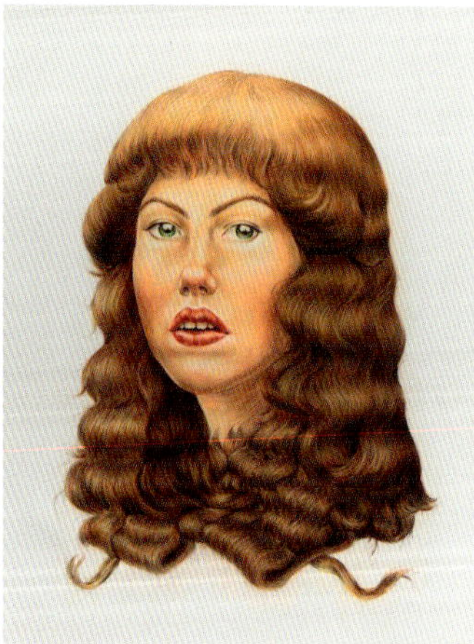

Comely Welcome Homely (2010)

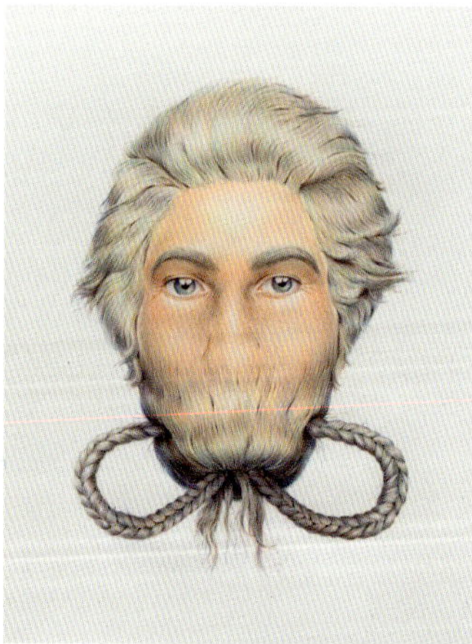

Conduit (2010)

Fringe (2010)

fringeredux (2010)

Glamour bscess (2010)

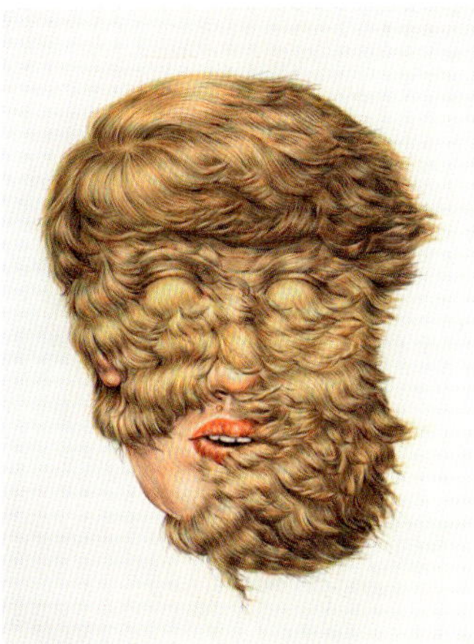

Hard To Win Overweb (2011)

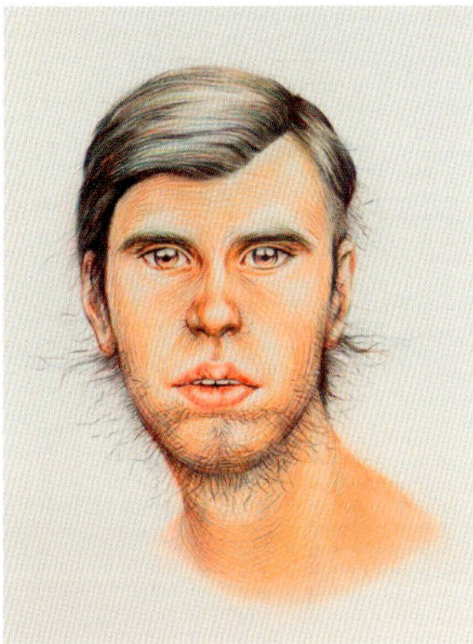

Hard To Win Overweb (2010)

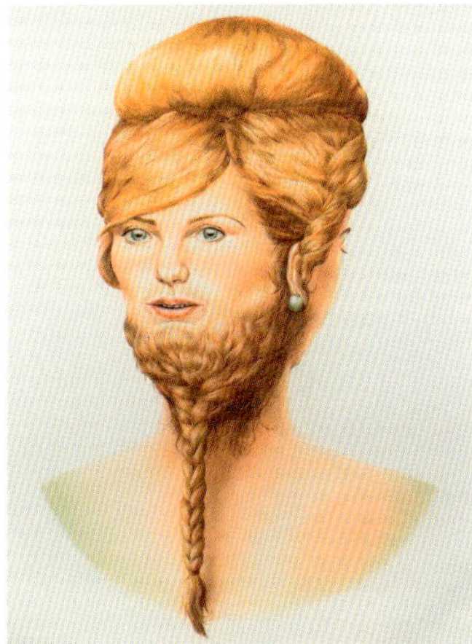

lady gymkata (2009)

leonine (2010)

Hollow Comfort (2011)

Is An Unkind Mistress (2011)

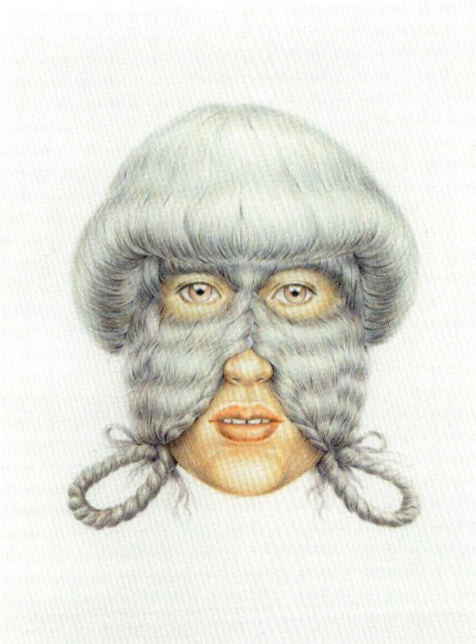

Old Plot New Twists Preview (2011)

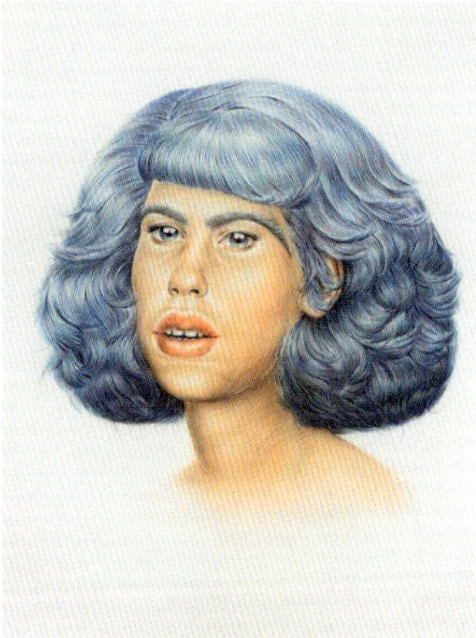

onpageantry (2011)

ornament and correction (2010)

some self restraint (2010)

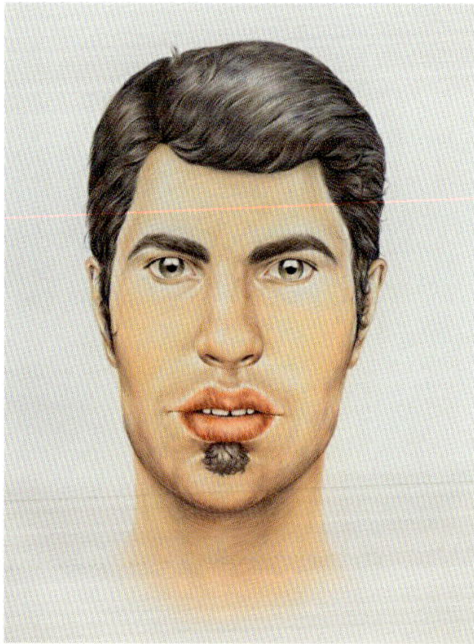

Soul (2011)

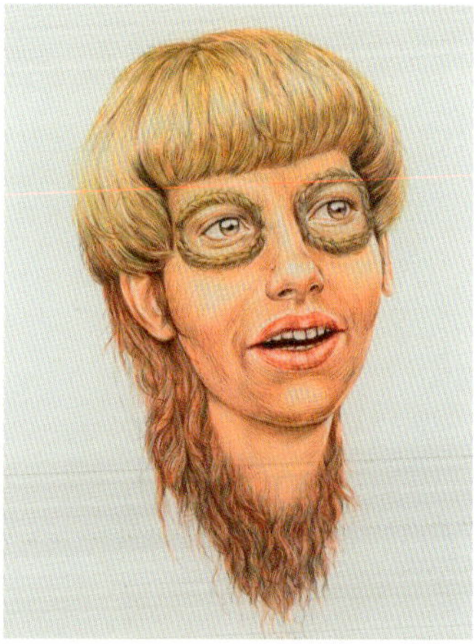

spectacle (2010)

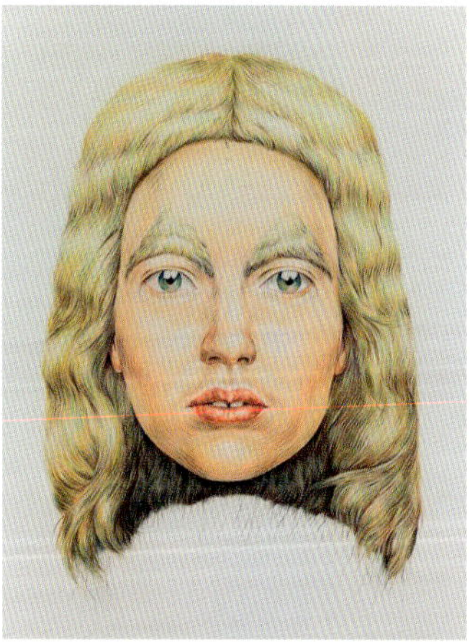

Thinly Velied Curiosity (2010)

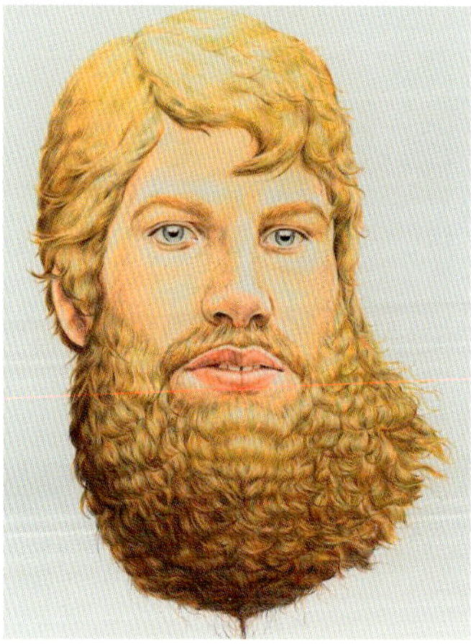

virility and grace (2010)

Matter of Man Hood (2011)

6. 그 밖의 헤어아트 작품[308)]

김명우(2005)
obang nang ja pocket

김혜영(2005)
bridle of memory

김혜정(2005)
ART–circle of circle inside

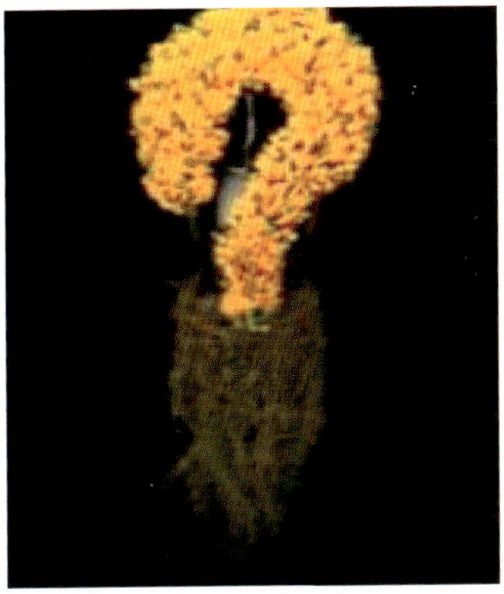

박은준(2005)
conversion from me

박혜경(2005)–freedom

양규실(2005)
it stans again in the up hill

오병금(2005)–thinking love

이혜정(2005)–fractal

임선희(2005)
happiness from me walk hand in hand

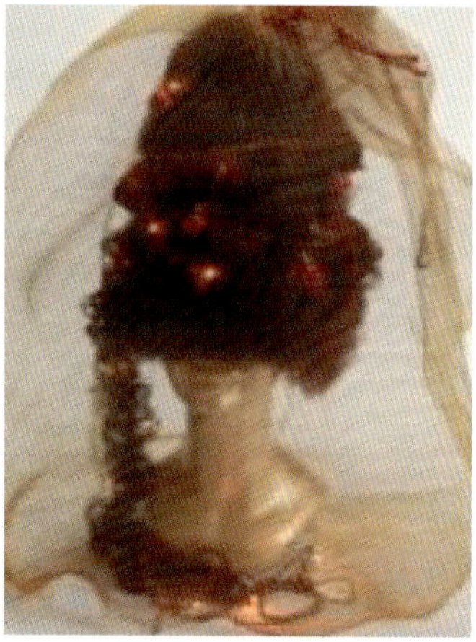
임은진(2005)
the birth of nobility

정문희(2005)–stairs of hope

정미영(2005)–nostalgia

권영숙(2006)–공존

김경숙(2006)–환희

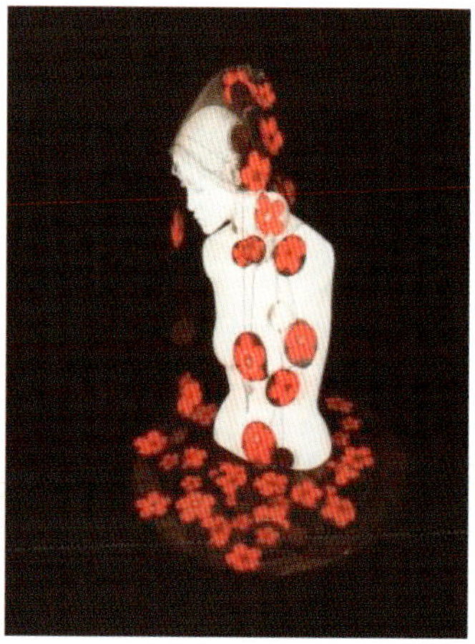
김동표(2006)–soliloquize

김명우(2006)–부조화

김송희(2006)–the cold sun

김순경(2006)–AD클레오파트라

김정인(2006)
a pillar of fire & a pillar of cloud

김정희(2006)-S curl and nature
속에서 찾은 아름다운 선

김파라(2006)-war&peace

김혜정(2006)
the birth of venus

도진아(2006)
혼돈으로부터 질서

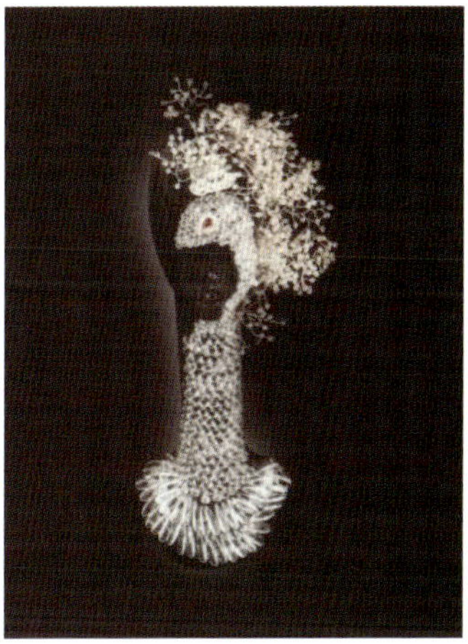

박상룡(2006)-공작별자리

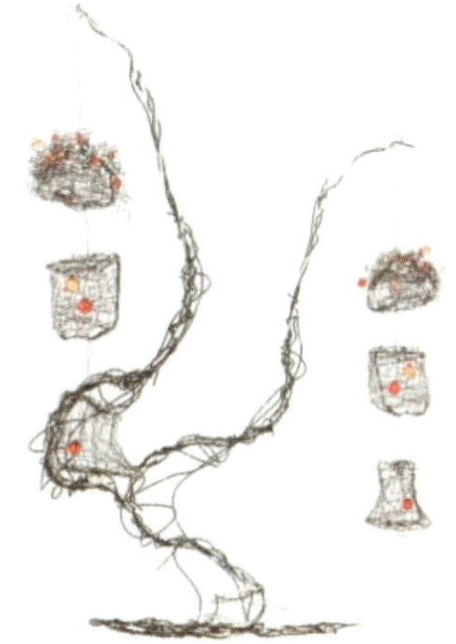

박선민(2006)-내면속의 혼돈

박혜경(2006)-love

서윤경(2006)-자연

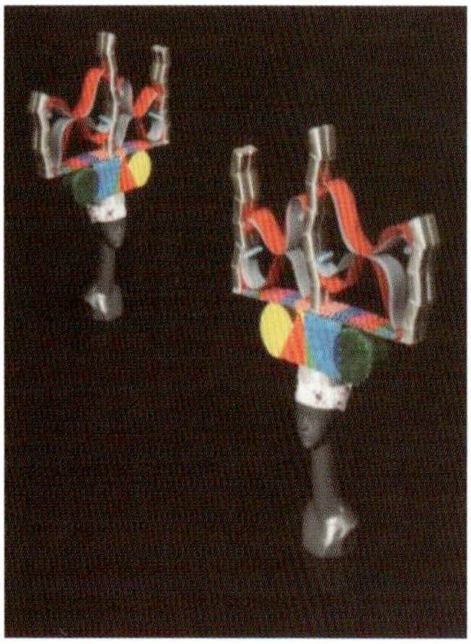

양미숙(2006)-coiiection

오강수(2006)-화합

오경헌(2006)-despoliation

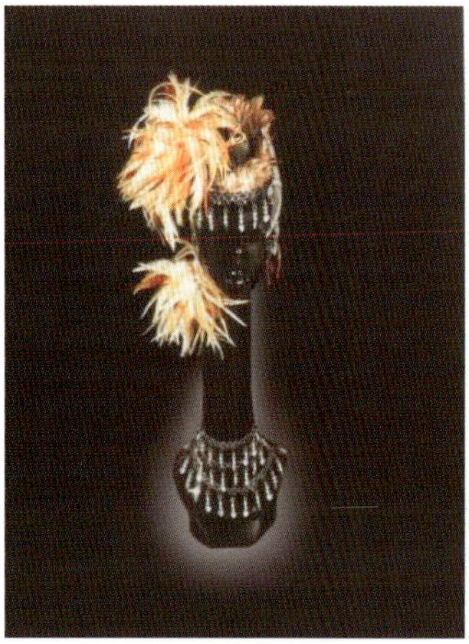

오미근(2006)-여심

오병금(2006)-환희

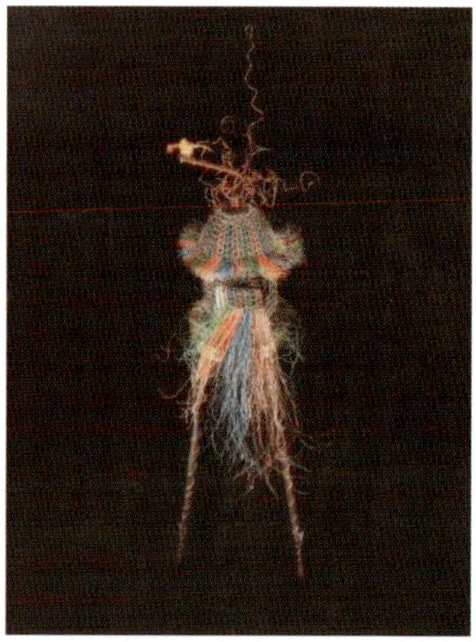

오세옥(2006)-자유

유희숙(2006)-불협화음

윤아람(2006)-머릿-속

윤은영(2006)-katharsis

이경미(2006)-삶의 굴레

이경숙(2006)-creativity

이기영(2006)-고요

이미영(2006)-표현의 자유

이복희(2006)-탄생

이상미(2006)-paradise

이선경(2006)-불안

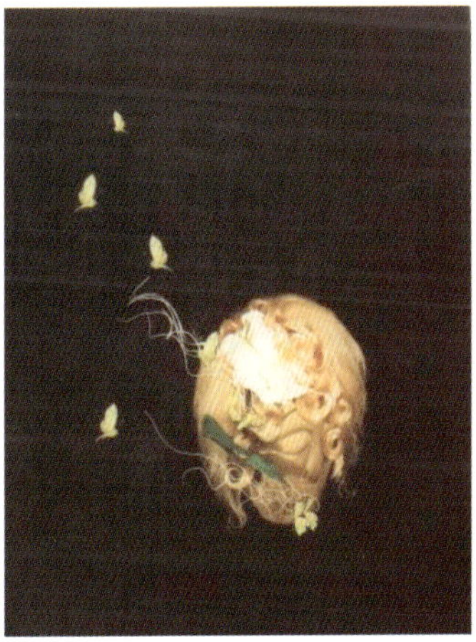

이수미(2006)-신부

이순희(2006)-일탈

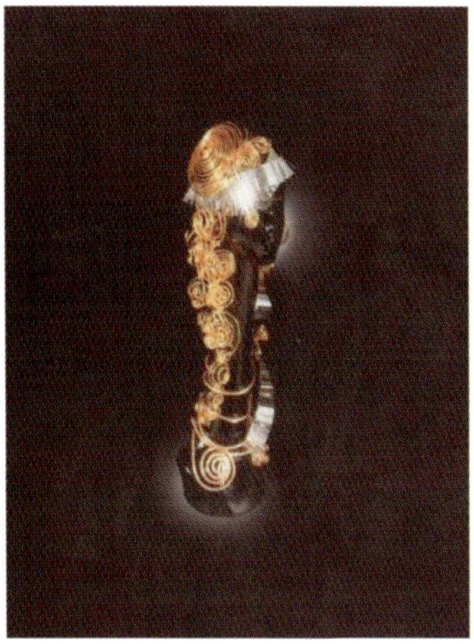

이영미(2006)-연인

이영숙(2006)
인간과 웰빙의 양극화

이영주(2006)-봄

이은주(2006)-leader

이종순(2006)-분출

이지숙(2006)-원

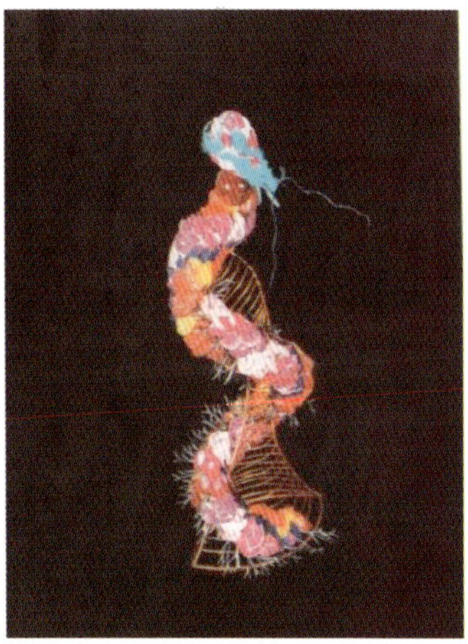

이혜정(2006)-승천

임선희(2006)-연. 휴.

장미여(2006)-질주의 본능

정문희(2006)–환희

정미영(2006)–외출

정의정(2006)–revival

조진우(2006)–봄–0605

채선숙(2006)–끊임없는 길

최미옥(2006)–시선

한성진(2006)–double

한지연(2006)–impression

홍도화(2006)
기하학을 모티브로한 미용예술

강나경(2007)-반복, 창조, 미

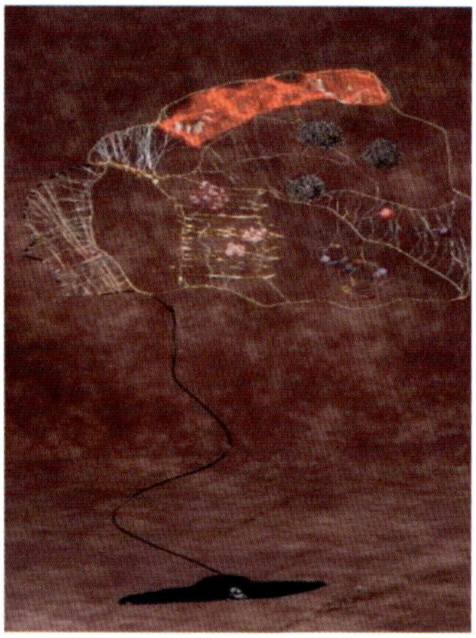

권영숙(2007)-망각

김관옥(2007)-오로라

김동분(2007)-화려한 외출

김민정(2007)-화려한 외출

김옥준(2007)-빛의 스케치

김은경(2007)-비행

김파라(2007)-과수원

김혜정(2007)
the birth of venus

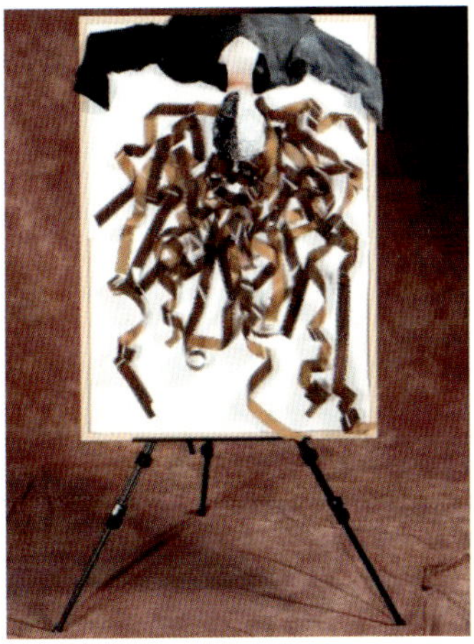
김효정(2007)-구속

박애경(2007)-휴머니티-21

박지선(2007)-대지

배기연(2007)-자유

신임순(2007)
남바위의 아르누보 산책

양은아(2007)-비상

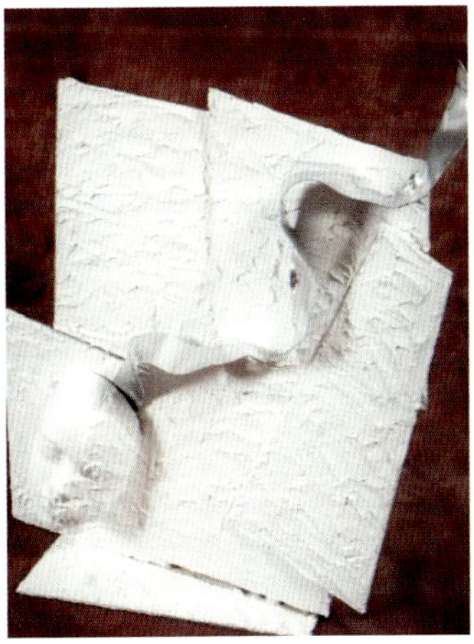
우수정(2007)-아르미스상

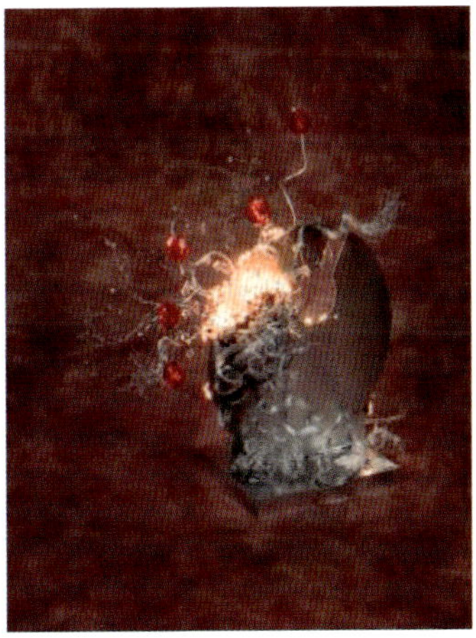
이경미(2007)-빛의 환희

이경희(2007)-새장밖의 꿈

이기영(2007)
평화 고요 현실타피

이명화(2007)
자연과 사람의 만남

이미영(2007)
의식과 무의식의 공존

이상미(2007)−타임머신

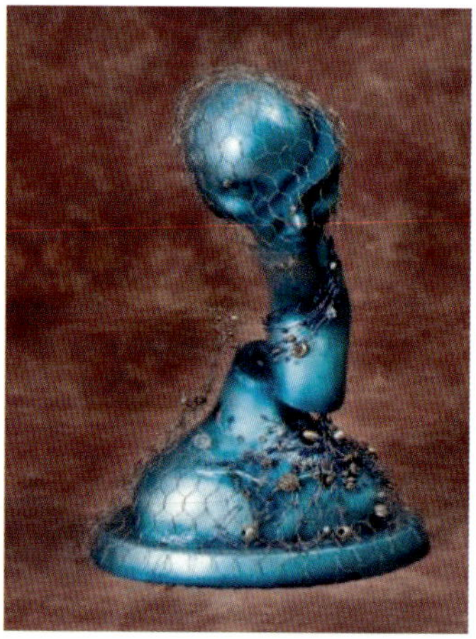

이선경(2007)−데쟈뷰

이순희(2007)−플럭서스

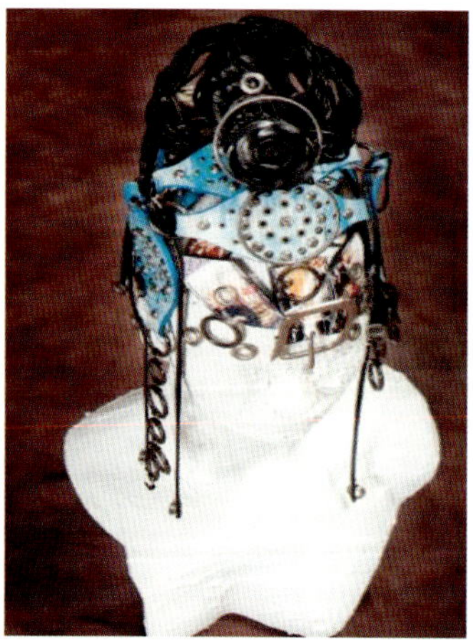

이영숙(2007)−기쁨과 즐거움

임영미(2007)−관계

임은진(2007)−epoch

임태희(2007)-달과 6펜스

조진우(2007)
flutter in the wind

진용미(2007)-the present

최나래(2007)-arabesque

최미옥(2007)-제 3의 눈

하관수(2007)-미의 일탈

하희정(2007)-틀

한성진(2007)-자유무역협정

홍도경(2007)-버블 란타나

김숙자(2008)–공존

김순경(2008)–황진이

김은경(2008)–neuron

김지용(2008)
the chaos haircut structure

김현진(2008)–헤어퓨처리즘

박미옥(2008)
자연현상화의 모티브

송지형(2008)–충전

오경헌(2008)–서경2

장선엽(2008)–봄의 내면

진용미(2008)–creation

홍도경(2008)–bubble pear

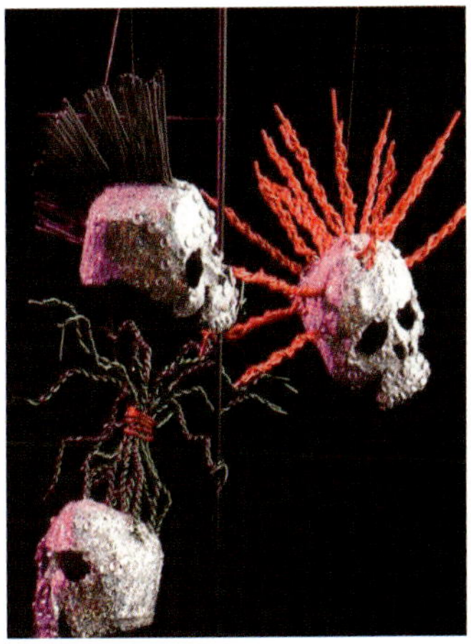

박선민(2009)–일탈

박선영(2009)–bright sadness

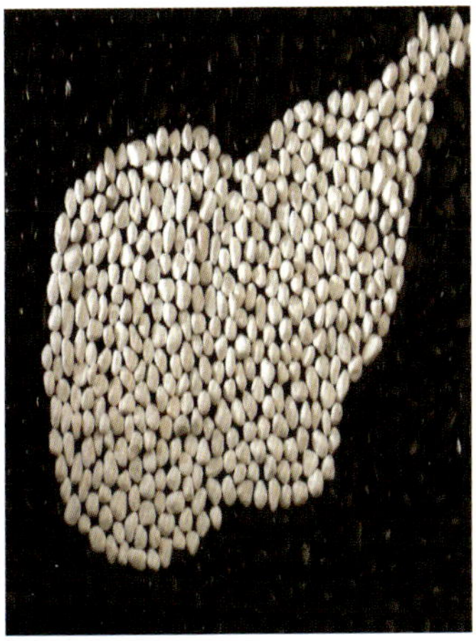

서현정(2009)–희망

석유나(2009)–dream

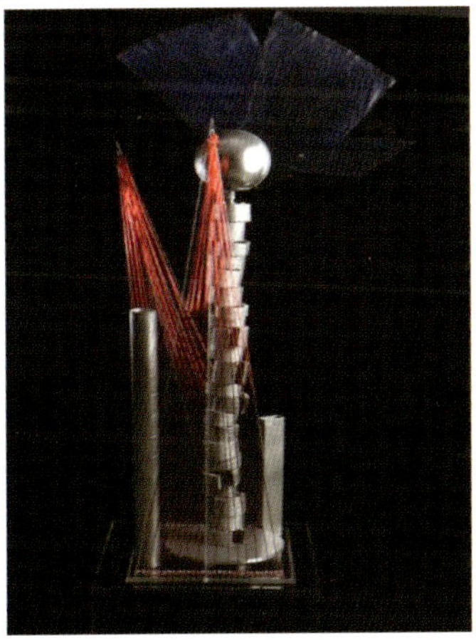

송성아(2009)–cut 도해도. in-crease layer의 병합

신임순(2009)–아마조네스

안채리(2009)–생각의 창

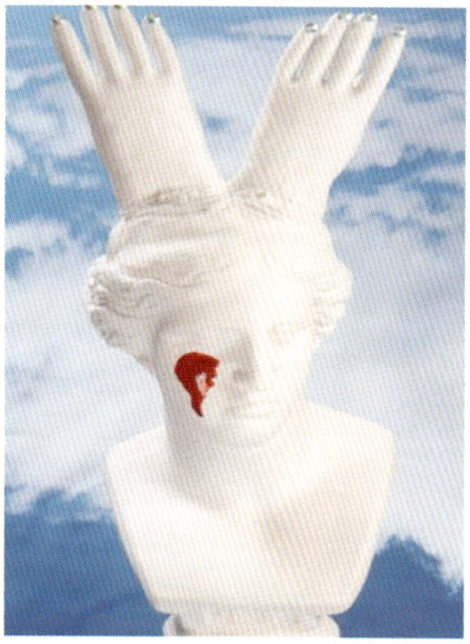

양미숙(2009)
초현실주의의 욕망

윤아람(2009)–내면

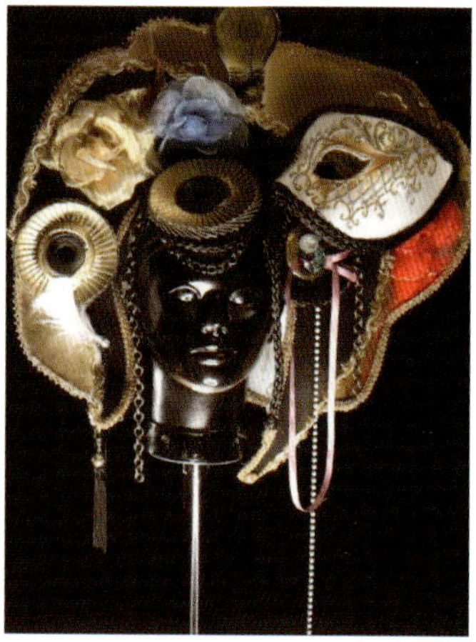

윤재선(2009)–몽환

이경숙(2009)–변화

이언주(2009)–나르키소스

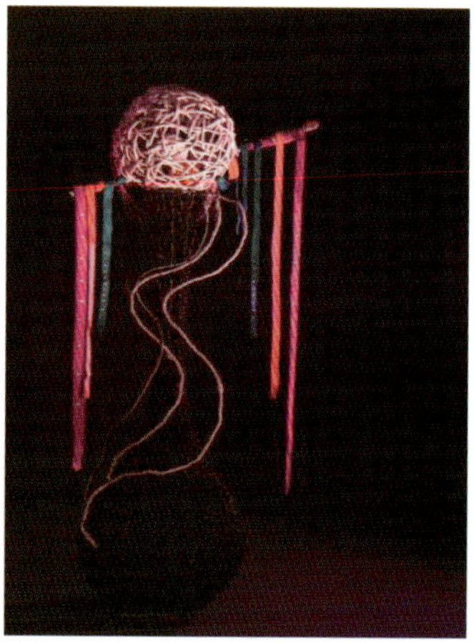

채선숙(2009)–shamanism

고서영(2010)–emptiness

공세미(2010)
a troublent period

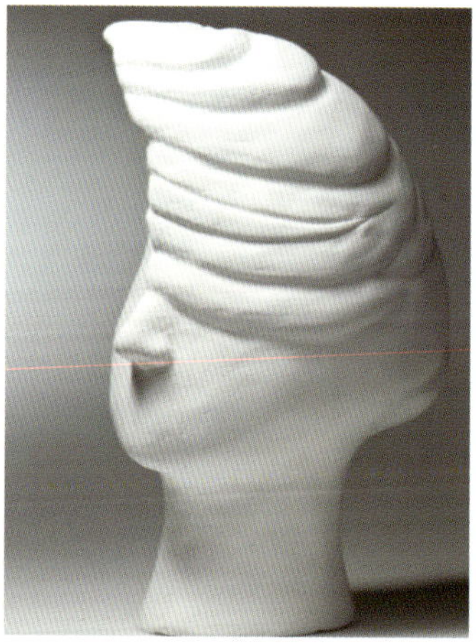

김지용(2010)–fractal thought

김효정(2010)
a passageway of life

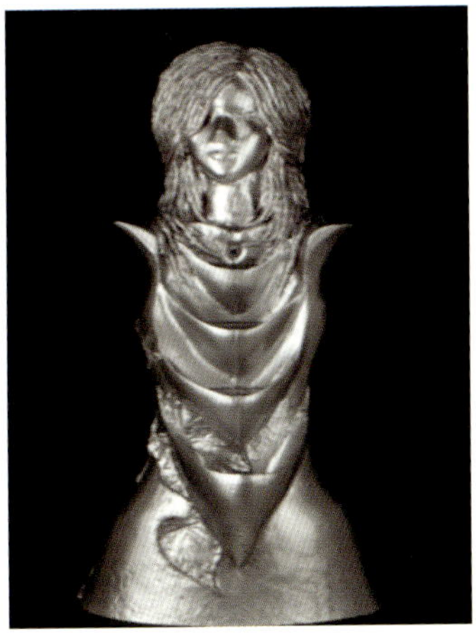

박재홍(2010)-flow

신임순(2010)-아르누보-변주곡

장연희(2010)-dmitry

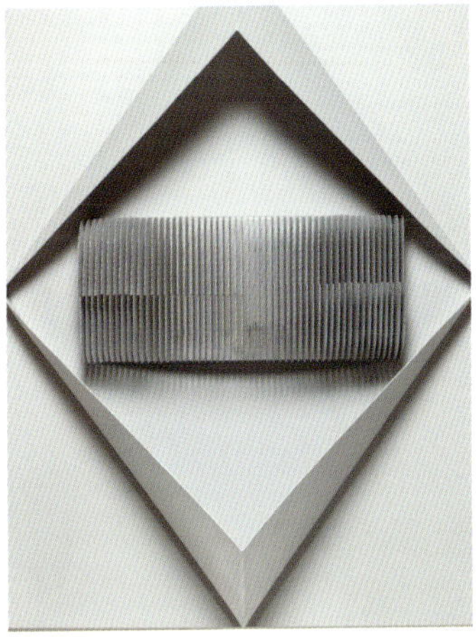

전혜민(2010)-아네모네 피쉬

지효진(2010)-come into bloom

차우정(2010)-veil

최선주(2010)
아름다움의 본능

최소영(2010)-생명의 소리

인용 및 참고자료

- 〈http://blog.naver.com/artartist00/100103326245〉
- Adrienne Antonson Hand, 〈http://blog.naver.com/artartist00/100103326245〉
- Adrienne Antonson Insects, 〈http://solllee.tistory.com/55〉
- Barbie Hair Chandelie, 〈http://www.dailymail.co.uk/news/article-2018403/Barbie-gets-Malibu-mansion-chandelier-hair.html〉
- Frisa, 〈http://blog.naver.com/artartist00/100103326245〉
- Longman(1992), Active study, Longman dictionary
- W.타타르키비츠(Wladyslaw Tatarloewicz)(1986), 김채현 역, "예술개념의 역사", 열화당, p.25
- Winnie Truong. 〈http://www.winnietruong.com/〉
- 건국대학교 디자인대학원(2011), 뷰티디자인 전공 졸업작품전
- 금속, 네이버 지식백과, 〈http://terms.naver.com/entry.nhn?docId=419882&mobile&categoryId=562〉
- 금속, 네이버, 두산백과, 〈http://terms.naver.com/entry.nhn?docId=1070186&mobile&categoryId=200000531〉
- 기본적 원칙을 응용한 마인드 맵, 〈www.mindtools.com/pages/article/newISS_01.htm〉
- 김공주(1991), "색채과학", 대광서림, p.147
- 김민성(2005), "디자인교육의 창의적 발상법에 관한 연구", 단국대학교 대학원 석사학위논문, p.31
- 김보영(2003), "원과 사각의 변형에 접근한 장신구 연구", 숙명여자대학교 디자인대학원 장신구디자인 전공 석사학위논문, p.15
- 김세령(2010). "바디페인팅의 디자인 발상에 관한 연구" : 시각적 수사사고 이론을 중심으로 한성대학교 대학원 분장예술전공 석사학위논문
- 김세욱(2004), "현대 아트헤어에 관한 연구", 안산1대학, 한국인체예술학회지, 5(1), p.108
- 김진숙, 〈cafe.daum.net/hanurihair〉
- 김진숙, "미용에서 예술을 보다, 꽃의 노래(2012)", 한국미용박물관, Cobea-muse.com

- 김춘일(1986), "미술 교육학", 경기 : 열화당, p.270
- 김현진(2010), "금속을 활용한 헤어아트 표현연구", 서경대학교 미용예술대학원 석사학위논문, p.6
- 김혜영(2011), "한국 전통문양과 미니멀니즘을 응용한 헤어아트 조형연구", 서경대학교 대학원 석사학위논문
- 네이버 지식사전, "파인아트", 〈http://terms.naver.com/entry.nhn?docId=288352〉
- 노용(1976), "생활환경과 색채조절". 이화여자대학교 교육대학원 석사학위논문, p.36
- 디자인, 두산백과사전, 〈http://www.encyber.com/search_w/ctdetail.php?gs=ws&gd=&cd=&d=&k=&inqr=&indme=&p=1&q=%B5%F0%C0%DA%C0%CE&masterno=52671&contentno=52671〉
- 머리카락 작품, 〈http://blog.naver.com/acuechoi/80116984807〉
- 모도아끼 히로시(1990), "조형심리학 입문", 지구문화사, p.127
- 무늬, 네이버, 두산백과, 〈http://terms.naver.com/entry.nhn?docId=1094613&mobile&categoryId=200000883〉
- 바실리 칸딘스키 저(1983), 차봉희 역, "점 선 면", 열화당, p.47
- 박정옥(2007), "유아의 창의성 및 정서지능을 위한 브레인스토밍활동의 효과", 동덕여자대학교 대학원 박사학위논문 p.7
- 박종하(2007), "상상력에 불을 지피는 아이디어 충전소", 서울 : 더난출판사 p.72-75
- 박화술(1980), "창조성개발기법" 서울 : 학문사, p.145
- 배리부잔 · 토니부잔(2010), "토니부잔의 마인드맵 북", 서울 : 비즈니스맵, p.104-113
- 백영애(2009), "사군자를 응용한 헤어작품 연구", 대구카톨릭대학교 석사학위논문, p.8-9, p.11
- 백영자 · 유효순 공저(1991), "서양 복식 문화사". 서울 : 경춘사. p.10-14.
- 서경대학교 대학원 미용예술학과(2005), (2006), (2007), (2008), (2009), (2010), (2011). 헤어아트 전시회
- 송유화(2009), "시네틱스 기법을 적용한 디자인 수업이 창의적 표현력에 미치는 영향", 이화여대 교육대학원 석사 위논문, p.13

- 시네틱스, 네이버용어사전, 〈http://terms.naver.com/item.nhn?dirId=107&docId=16313〉
- 신모리야스노리 류허섭역(1996), "창의적발상", 서울 : 국제 p.103
- 안문경(2007), "동선을 이용한 헤어아트 조형성 연구", 서경대학교 미용예술대학원 석사학위논문, p.6
- 양규실(2007), "축제 가면을 활용한 헤어아트 발상", 서경대학교 미용예술대학원 석사학위논문, p.4
- 양주동 감수(1972), "새 국어대사전", 신한출판사, p.906
- 예일미용고등학교(2011), 제 2회 심장병 어린이 돕기 미용 작품 전시회
- 오지영 외12(2004), "최신 미용학 개론", 훈민사, p.15
- 요하네스 잇텐(2000), "요하네스 잇텐의 색채의 예술", 지구문화사, p.86
- 우흥룡(1996), "디자인 사고와 방법", 서울 : 창미, p.43
- 유리. 네이버, 한국민족문화대백과, 〈http://terms.naver.com/entry.nhn?docId=539211&mobile&categoryId=1608〉
- 유봉현(2000), "브레인스토밍기법이 창의적 사고력 증진에 미치는 영향에 관한 실험 연구", 연세대학교 대학원 박사학위논문 p.39
- 이기문(2002), "새국어사전", 동아, p.1297, p.2056
- 이윤선(2003), "시네틱스와 형태분석법을 활용한 캐릭터 디자인 교육에 관한연구, 국민대학교 교육대학원 석사 학위논문", p.73-74, p.78
- 이청자(2002), "히피 패션에 나타난 히피 헤어 스타일 분석" : 2002s/s 패션 컬럭션을 중심으로, 중앙대학교 예술대학원 석사학위논문, p.19
- 이희승(1961), "국어대사전", 서울 : 민중서관, p.2074
- 이희승(1998), 국어대사전 민중서림, p.1479
- 임열웅(1988), "현대디자인론", 서울 : 학문사, pp.64~66
- 정미란(1995), "자연색체계(NCS)에 의한 환경색체 계획방법에 관한 연구", 이화여대디자인대학원 석사학위논문, p.32
- 정임숙(2002), "20세기 서구여성의 헤어스타일과 복식 변천에 관한 연구", 한성대학교 예술대학원 석사학위논문, p.5
- 조명, 네이버, 두산백과, 〈http://terms.naver.com/entry.nhn?docId=1141681&mobile&categoryId=200000520〉
- 조연순 외(2008), "창의성교육", 서울 : 이화여자대학교 출판부, p.192-194, p.198-201
- 차가은 · 문은배(2004), "색채활용을 위한 디지털 Hue&Tone 연구", 한국색채학회지, vol.18, No.2. 23-34
- 천안연암대학(2009), (2010), (2012) 뷰티아트과 헤어아트 전시

• 최보윤(2006), "캐릭터 디자인 교육에서 이미지 연상과 형태분석법 활용에 관한 연구", 국민대학교 교육대학원석사학위논문, p.36

• 최성희(1998), "초등학교 아동의 창의성 신장을 위한 교육 프로그램 효과", 서강대학교 교육대학원 석사학위논문, p.52

• 최소영(2008), "헤어 아트에 나타난 '추(醜)' 이미지 표현양상 연구" : 헤어 아트 작품제작 중심으로, 건국대학교 디자인대학원 석사학위논문, p.38

• 최은숙(2007), "헤어아트에 나타난 미니멀리즘 연구", 서경대학교 미용예술대학원 석사학위논문, pp.3-5

• 하버트 리드(2007), 박용숙 역, "예술의 의미", 문예출판사, p.14-15

• 황희순(2002), "미용학개론", 청구문화사

찾아보기

A–W

ㄴ

ㄷ

ㅁ

ㅂ

ㅅ

ㅇ

ㅈ

ㅊ

ㅋ

ㅌ

ㅎ

Hair Art

NEW 헤어아트

초판 인쇄 2014년 1월 25일
초판 발행 2014년 2월 1일

저 자 박은준 · 김동분 · 김슬기 · 김진숙 · 김혜정
박재홍 · 서예지 · 왕혜자 · 임지현 · 이원경
이현진 · 장미여 · 최연희 · 홍도화

펴낸곳 메디시인
발행인 주병오
주소 경기도 파주시 회동길 209
파주출판문화정보산업단지
전화 (031) 955-7566·7577
팩스 (031) 955-7730
이메일 jigupub@hanmail.net
등록번호_2005년 2월 16일 제 406-2005-000045호

ISBN 978-89-93033-68-7 값 20,000원